Íslenski hesturinn – litir og litbrigði

Íslenski hesturinn – litir og litbrigði

Den islandske hest og dens farver
Das Islandpferd und seine Farben
The Natural Colours of the Iceland Horse

TEXTI/TEXT: Sigurður A. Magnússon
LJÓSMYNDIR/PHOTOS: Friðþjófur Þorkelsson

Mál og menning
Reykjavík 2001

Sigurður A. Magnússon (f. 1928), sem samdi texta bókarinnar, er rithöfundur og þýðandi í Reykjavík. Hann hefur áður samið bók um íslenska hestinn, *Fákar – Íslenski hesturinn í blíðu og stríðu* (1978).

Sigurdur A. Magnússon (f. 1928), der skrev bogens text, er forfatter og oversætter i Reykjavík. Han har før i tiden skrevet en bog om den islandske hest, *Gudernes hest – Sagaen om den islandske hest i fortid og nutid* (1978).

Der in Reykjavík lebende Schriftsteller und Übersetzer Sigurdur A. Magnússon (geb. 1928) schrieb den Text zu diesem Buch. Von ihm liegt ein weiteres Buch mit dem Titel *Islandpferde* (1978) vor.

Sigurdur A. Magnússon (b. 1928), who wrote the text for the book, is a writer and a translator, living in Reykjavík. He is the author of another book on the Iceland Horse, *Stallion of the North – The Unique Story of the Iceland Horse* (1978).

Friðþjófur Þorkelsson (f. 1932), sem tók allar myndir í bókinni, er hestamaður og gæðingadómari í Mosfellsbæ. Ljósmyndir hans prýða líka bók þeirra dr. Stefáns Aðalsteinssonar *Íslenski hesturinn – litaafbrigði* (1991).

Friðþjófur Þorkelsson (f. 1932), der optog alle fotografierne til bogen, er en hestekender og dommer af gode rideheste, bosat i Mosfellsbær. Han lavede fotografierne for Dr. Stefáns Aðalsteinssons bog, *Íslenski hesturinn – litaafbrigði* (1991).

Alle Fotografien stammen von dem Reiter und Zuchtrichter Friðþjófur Þorkelsson (geb. 1932), aus Mosfellsbær bei Reykjavík. Mit Dr. Stefán Aðalsteinsson verfaßte er ferner das Buch *Íslenski hesturinn – litaafbrigði* (1991).

Friðþjófur Þorkelsson (b. 1932), who took all the photographs for the book, is a horseman and a judge of riding horses, living in Mosfellsbær. He made the photographs for the book *The Icelandic Horse and its Colours* (1993) by Dr. Stefán Aðalsteinsson.

Öll réttindi áskilin.
Prentsmiðjan Oddi hf.

1. útgáfa 1996
2. prentun 1997
3. prentun 2001

ISBN Íslenska 9979-3-1407-9
Danska 9979-3-1415-X
Þýska 9979-3-1416-8
Enska 9979-3-1417-6

Íslenski hesturinn

Dansk, s. 107,   Deutsch, s. 115,   English, p. 124

Meðal sérkennilegra og áberandi drátta í íslensku umhverfi að sumarlagi eru stórar hjarðir hrossa í bithögum um land allt – uppí fjöllunum, meðfram þjóðvegunum, kringum bóndabýlin. Á sumrin er hesturinn nálega jafnsnar þáttur í landslaginu og sauðkindin, en á veturna er hann víða það eina sem á sér bærir á stórum svæðum. Samt gegnir hesturinn nálega engu hagnýtu hlutverki í daglegu lífi landsmanna.

Í ríflega þúsund ár frá landnámsöld frammá öndverða 20stu öld gegndi hinn smávaxni en furðulega sterkbyggði og þolgóði gangvari mörgum brýnum hlutverkum. Hann var í reynd eina tiltæka farar- og flutningatækið – bar bændur og búalið landshorna á milli, flutti afurðir frá afskekktustu bæjum til verslunarplássa á ströndinni og kom þaðan með matvöru og byggingarefni, bar heim hey af túnum og útengjum á klyfjum, fór í erfiðar göngur á hverju hausti, sótti ljósmæður til barnshafandi kvenna, lækna til sjúklinga og bar loks líkin til grafar. Hér eru einungis nefnd fáein þeirra fjölbreytilegu verkefna sem hestinum var trúað fyrir, enda varð hann efni í ótalin kvæði, sögur og myndir.

Farartæki á hjólum komu fyrst til sögunnar hérlendis um síðustu aldamót, þannig að öldum saman gegndi hesturinn hlutverki kerru, flutningavagns og jafnvel járnbrautarlestar. Þarvið bætist að hrossakjöt hefur verið ein af uppistöðunum í daglegu viðurværi víða um land, en í öðrum héruðum hefur það nánast verið bannvara, sennilega fyrir forna trúarlega bannhelgi sem nú er gleymd. Bannið við hrossakjötsáti eftir kristnitökuna árið 1000 átti rætur að tekja til þess, að hrossakjöt var etið við trúarlegar athafnir í heiðnum sið. Nú um stundir gegnir hesturinn aðeins einu hagnýtu hlutverki í sveitum landsins: fjárleitarmenn fara enn ríðandi í göngur. Jafnvel á þessu sviði hafa flugvélar í sumum tilvikum tekið við hlutverkinu!

Endaþótt hesturinn hafi orðið að þoka fyrir

jeppa, dráttarvél og vélvæddum heyskaparháttum, þá hefur hann samt á liðnum áratugum notið vaxandi áhuga og vinsælda sem uppspretta skemmtunar og afþreyingar. Í reynd fellur sennilega engin íþrótt eins vel að veðurfari á Íslandi og hestamennska, því hennar má njóta jafnt í skini sem skúrum, í vetrarhríðum jafnt sem sólskini og sumarhita. Í Reykjavík og nálægum byggðum eru kringum 10.000 hross og að minnstakosti 4.000 ástundunarsamir hestamenn. Svipaðan áhuga er að finna í kaupstöðum og kauptúnum sem og í sveitum landsins, þarsem uppeldi og tamning hrossa er orðinn arðvænlegur atvinnuvegur.

Þessi vaxandi áhugi á íslenska hestinum er langtífrá bundinn við Íslendinga eina. Í átján öðrum löndum Vestur-Evrópu og Norður-Amríku eru nú félög sem leggja rækt við íslenska hestinn og ýta undir áhuga á honum. Sum þeirra gefa út sérstök tímarit um efnið.

Einstæður ættstofn

Hvernig stendur á þessum áhuga? Ein skýring kynni að vera sú að íslenski hesturinn er einstæður ættstofn, gæddur auðkennum sem rekja má langt aftur. Þegar Ísland var numið fluttu landnámsmenn með sér hesta frá Vestur-Noregi og Bretlandseyjum. Þessar sterkbyggðu og þolgóðu skepnur voru eigendum sínum mikil þarfaþing í friði jafnt sem ófriði. Fráþví um aldamótin 1100 hafa engin hross verið flutt til Íslands, þannig að íslenski hesturinn er ekki einungis afkomandi þeirra hesta sem víkingar riðu, heldur sennilega einnig kominn af hestunum sem hinir sögufrægu bræður Hengist og Horsa notuðu þegar þeir gerðu innrás í England á 5tu öld. Virðulegur Beda (ca. 673–735) segir að Óðinn hafi verið langafi þessara tveggja engilsaxnesku konunga, og vissulega er það íhugunarvert að þeir eru báðir kenndir við hesta. Þýska orðið *Hengst* merkir *stóðhestur*, og enska orðið *horse* merkir *hross.* Þannig má kannski til sanns vegar færa að íslenski hesturinn sé runninn frá kyni þeirra Gota og Grana í hetjukvæðum Eddu, en sögulegir eigendur þeirra voru uppi á 5tu öld (Gundicarius konungur í Búrgund) og 6tu öld (Siegebert konungur í Metz), þó draga megi í efa að það góða kyn eigi ættir að rekja til Sleipnis!

Þúsund ára einangrun íslenska hestsins hefur orðið til þess að hann hefur haldið ýmsum eiginleikum sem týndust hjá öðrum evrópskum hestakynjum á síðustu fjórum öldum. Meðal þeirra eru gangtegundirnar fimm sem nánar verður vikið að hér á eftir. Margir halda að þessar gangtegundir séu árangurinn af

einhverjum tiltölulega nýjum brögðum íslenskra tamningamanna, en því fer víðsfjarri. Sýna má frammá að heitið á þeirri gangtegund sem vinsælust er, tölti, og á hesti sem henni beitir, töltara, sé af germönskum rótum. Í Þýskalandi miðalda var lipur og þýður hestur nefndur *Zelter*. Nafnið á sér einnig hliðstæðu í latínu, því vakrar merar í Róm keisaratímans voru kallaðar *thieldos*, enda var mikill samgangur milli germanskra þjóðflokka og Rómverja á 2rri og 3ðju öld e. Kr.

En töltið á sér mun lengri sögu. Grískir myndlistarmenn á 5tu öld fyrir Kristsburð skreyttu loftrendur Parþenon-hofsins á Akrópólis með lágmyndum af flokkum ríðandi manna til heiðurs Pallas Aþenu. Þar sjáum við greinilega að riddararnir sitja á tölturum af svipaðri stærð og íslenski hesturinn. Reiðlagið og ásetan eru mjög áþekk því sem tíðkast á Íslandi, og engum kunnáttumanni blandast hugur um að fótastellingar hestanna sýna þá á tölti.

Rúmum þúsund árum síðar var gerð höggmynd af Karlamagnúsi (742–814), þarsem hinn mikli rómverski keisari og vildarvinur páfa situr á hesti sem er bein hliðstæða íslenska hestsins, eða með öðrum orðum sagt: hann situr Evrópuhestinn. Höggmyndin stendur í Aix-la-Chapelle.

Sú spurning hlýtur að vakna, hvernig þetta hestakyn hvarf úr Evrópu, en varðveittist á Íslandi.

Ein mikilvæg orsök var lagning akfærra vega um Evrópu og breyttar hernaðarþarfir á síðustu fjórum öldum. Frammá 17du öld var hesturinn alhliða heimilisdýr í álfunni, reiðhestur, klyfjahestur og dráttarklár, og var í eigu jafnt fjáðra sem fátækra. Hann var eðlilegur þáttur búshaldsins og hafðist við heimavið. Þegar farið var að leggja vegi vítt og breitt komu kerrur og vagnar til sögunnar, og þá var einungis þörf fyrir eina gerð hrossa: vagnhesta. Um svipað leyti var tekin upp ný skipan riddaraliðsfylkinga í stríði. Horfið var frá gisnum og óreglulegum fylkingum til þéttra og skipulegra fylkinga, og þá var þörf fyrir sérstaka tegund hesta. Hrossakyn voru

styrkt með kynbótum og hreinræktun til að fá fram þung og öflug dráttardýr. Evrópski bóndinn varð blásnauður og hafði ekki lengur efni á að eiga reiðhesta. Þessi vatnaskil urðu einkum í Þrjátíu ára stríðinu (1618–48) og eftir það. Uppfrá því voru það einungis aðallinn og herinn sem notuðu hesta til reiðar. Reiðhestar í eigu bænda hurfu hvarvetna í Evrópu nema á Íslandi, en á hinn bóginn var reiðmennska í æ ríkara mæli sniðin eftir þörfum riddaraliðsins, þannig að ýmiskonar kappreiðar, hindrunarhlaup og önnur brögð komu til sögunnar sem liður í markvísri tamningu riddaraliðshesta.

Samt voru tveir hópar fólks í Evrópu á 17du öld sem ekki höfðu áhuga á hinum nýju hrossakynj-

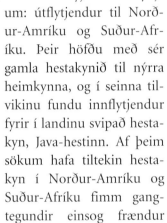

um: útflytjendur til Norður-Amríku og Suður-Afríku. Þeir höfðu með sér gamla hestakynið til nýrra heimkynna, og í seinna tilvikinu fundu innflytjendur fyrir í landinu svipað hestakyn, Java-hestinn. Af þeim sökum hafa tiltekin hestakyn í Norður-Amríku og Suður-Afríku fimm gangtegundir einsog frændur þeirra á Íslandi.

Augljóslega áttu einangrun Íslands og geysierfið lífsskilyrði stóran þátt í að halda kyninu hreinu og efla lipurð, seiglu og mótstöðuafl, sem voru hestinum nauðsynleg til að lifa af þær aðstæður og meðferð sem hann varð að þola öldum saman af völdum hagleysis, heyþurrðar og náttúruhamfara.

Gangtegundirnar fimm

Fimm gangtegundir íslenska hestsins má í mörgum tilvikum finna í einu og sama hrossi. Gott tölt og skeið eru meginstefnumið íslenskrar hrossaræktar ásamt góðu geðslagi og vilja.

Fet er hægagangur hestsins. Takturinn er fjór-skiptur, gangurinn sviflaus. Fetgangur var algengur í lestaferðum þegar hestar voru hlaðnir klyfjum. Hann er enn algengur hjá klyfja-hestum þegar ferðast er um landið.

Brokk er fremur grófur tvítakta milliferðargangur, fótahreyfingin skástæð með svifi. Brokk er algengast þegar farið er yfir torfært eða hnökrótt landslag. Það er fremur óþægilegt fyrir reiðmanninn, en í rauninni eru til mörg blæ-brigði brokks og sum þeirra hreint ekki höst.

Stökk er yfirferðargangur með greinilegu svifi. Á góðu stökki heyrast þrjú hófaslög. Stökk er algeng-ur gangur þegar aðalatriðið er hraði, hvort sem farið er yfir grýttar grundir eða grösugar sléttur.

Tilbrigði við stökk er valhopp sem er þægilegur gangur þegar farið er um margbreytilegt landslag, en það þykir heldur ófagurt tilsýndar og er ekki í miklum metum meðal hestamanna.

Skeið er ferðmikill tvítakta yfirferðargangur. Fótahreyfing er samhliða með miklu svifi. Hestur-inn teygir sig vel í skeiðinu og réttir vel úr fótum. Spyrnan er kraftmikil og hraðinn svipaður og hjá ferðmiklum stökkhesti. Skeið er einkum riðið í stuttum sprettum með miklum hraða. Á kappreið-um byrjar hesturinn á stökki og verður eftir 50 metra á harðastökki að komast á skeið eða *liggja* einsog það er kallað á máli hestamanna. Stökkvi hann upp á skeiðinu, hefur hann tapað hlaupinu. Við tamningu alhliða góðhesta er síðasta stigið tamn-ing í skeiði, og verð á góðhestum fer að verulegu leyti eftir gæðum töltsins og skeiðlaginu.

Tölt er sérkenni íslenska hestsins og greinir hann frá öðrum hrossakynjum í Evrópu. Tölt er mjúkur, fjaðrandi milliferðargangur með fjórskiptum jöfnum takti og fótaburður sem hér segir: hægri aftur-fótur, hægri framfótur, vinstri afturfótur, vinstri framfótur. Hesturinn gengur reistur og saman-dreginn í bol. Töltið er gott þegar hreyfingar eru svifléttar, frjálsar og takthreinar með góðu fram-taki, fagurri fótlyftu og fjaðrandi mýkt. Tölt er rið-ið á sléttum grundum og vegum. Á tölti er hægt að auka hraðann frá fetgangi uppí mikla ferð. Heyra má tölt einsog stöðuga fjór-skipta hrynjandi. Það er sömuleiðis sýnilegt: hestur-inn ber sig hátt og tignar-lega, en taglið bærist með sérkennilegri bylgjuhreyf-ingu. Reiðmaðurinn finnur líka töltið greinilega: hann situr svotil hreyfingarlaus í hnakknum einsog hann sæti á bátþóftu á kyrru vatni.

Þessar gangtegundir, ásamt vilja, geðslagi og byggingu hestsins, eru metnar og dæmdar á árleg-um hestamótum vítt um land þarsem kynbóta-hross mæta til dóms. Í gæðinga- og íþróttakeppni eru gangtegundir hestsins, fegurð hans og vilji dæmd, ásamt ásetu og reiðmennsku knapans. Á Landsmóti hestamanna sumarið 1994 tóku um 800 hross þátt í sýningum og keppnisgreinum. Þeirra á meðal voru 300 kynbótahross. Áhorfendur voru um 10.000 talsins, meðal þeirra um 4.000 erlendir gestir. Mótið stóð yfir í sjö daga með fjölþættri dagskrá.

Litadýrð

Íslenska hestakynið er ákaf-lega litskrúðugt, sennilega litbrigðaríkara en aðrir ætt-stofnar Evrópu. Dr. Broddi Jóhannesson gerði fræði-lega úttekt á hestalitum, sem nefndir eru í fornum íslenskum heimildum, og komst að þeirri niðurstöðu að þeir væru 64 talsins. Sum þessara litbrigða er ekki að finna í hestum samtímans.

Í riti sínu um litaafbrigði íslenska hestsins í nú-tímanum nefnir dr. Stefán Aðalsteinsson 40 teg-undir og kveður helstu litina vera svartan (brún-an), jarpan og rauðan. Að sjálfsögðu eru fjölmörg blæbrigði á þeim 40 afbrigðum sem dr. Stefán nefnir, en mörg þeirra eiga sér engin heiti. Að öllu samantöldu má finna um 100 litbrigði á nútíma-hestinum.

Samkvæmt dr. Stefáni má segja að svarti (brúni) liturinn sé frumgerð allra hestalita, þannig að beint eða óbeint má þróa aðra liti frá þeim svarta. Svarti liturinn getur breyst á ýmsa vegu, og sömuleiðis geta litir afleiddir af honum breyst í nýja liti. Þessar arf-gengu litabreytingar lúta flóknum erfðafræðilegum lögmálum.

Besti félagi mannsins

Það eru varla ýkjur að án hestsins hefðu Íslendingar naumast lifað af á þessu harðbýla, fjöllótta og af-

skekkta eylandi. Hesturinn var ekki einasta trygg-asti og þarfasti þjónn mannsins, heldur líka besti félagi hans, tók þátt í gleði hans og hátíðahöldum, stóð við hlið hans á tímum þrenginga, örvæntingar og náttúruhamfara. Hesturinn innblés skáld okkar og myndlistarmenn og var gildur þáttur í draum-um okkar. Eða einsog einn höfundur orðaði það

ekki óhnyttilega: við áttum hestinn og hesturinn átti okkur.

Í vissum skilningi má segja að hesturinn hafi frá öndverðu verið ómeðvitað tákn um getu mannsins til að lifa af á mörkum hins byggilega heims. Hann naut frelsis og unaðar hinna hraðfleygu sumar-mánaða meðal fella, jökla, eldfjalla, vatna, fljóta, lækja, fossa, grænna dala og grárra auðna – og hann lifði af hina löngu og einatt hörðu vetur, oftlega án um-talsverðrar hjálpar eigand-ans. Hesturinn var í reynd jafnsnar þáttur íslenskrar náttúru og til dæmis fjall eða stöðuvatn, og þjóðinni þótti jafninnilega vænt um hann og hrjóstruga fóstur-jörðina.

Meðalstærð íslenska hestsins er 134 sentímetrar (14,1 þverhönd) og hann vegur 380–400 kíló. Hann er seinþroska og ætti helst ekki að fara í tamningu fyrren hann er 4–5 vetra gamall. Hins-vegar er lífslengd hans álitleg, oft 23–24 vetur. Hann er óvenjulega þrekmikill, heilsuhraustur, þrautseigur og veðurþolinn. Hann er mjög fjölhæf-

ur og hefur skemmtilegan og sérlega einstaklings-
bundinn persónuleika. Honum hefur verið lýst
sem fyrsta flokks fjölskylduhesti, sem sé jafnhent-
ugur öllum aldursflokkum af báðum kynjum.
Hann er skynsamur, þolinmóður, þýður, en býr yf-
ir ríkum skapsmunum þegar því er að skipta. Þeim
sem mikið leggja uppúr útliti kann að þykja hann
helsti úfinn þegar hann er í
vetrarham, en vissulega er
hann hjartnæmur í því
gervi. Þráttfyrir ríkt ein-
staklingseðli er hann félags-
vera sem helst vill vera í
húsi eða á beit með öðrum
hrossum. Hann á miklum
vinsældum að fagna meðal
barna og unglinga.

Að ríða útí sveit um
bjarta sumarnótt, þræða
gamla troðninga, klífa hæðir og hóla, vaða vatns-
föll eða fara yfir óræk öræfi ber með sér blæ
óraunveruleikans eða kannski öllu fremur æðra
veruleika: vera má að maður sé aleinn á ferð, en
hann finnur samt hin sterku og mjög svo persónu-
legu bönd við hestinn og gegnum hann við sjálfa
náttúruna. Maður samsamast á einhvern dularfull-

an hátt náttúruöflunum, verður óaðskiljanlegur
partur af landinu og þeim tugþúsundum forfeðra
sem í þrjátíu kynslóðir buðu öllum torfærum
harðneskjulegs landslags byrgin með atfylgi hins
djarfa og óbuganlega félaga mannsins, sem ævin-
lega var reiðubúinn til þjónustu, ævinlega þolgóð-
ur, styrkur og dyggur. Sagt hefur verið að engin af
Guðs skepnum eigi meira
tilkall til Íslands en hestur-
inn, sem kann að vera lauk-
rétt, en raunsærra væri
kannski að halda því fram,
að hesturinn hafi í sam-
starfi við manninn skapað
þau skilyrði sem tryggðu ís-
lenskri menningu líf – sem
er að sínu leyti ekki lítið af-
rek.

Til marks um dálætið
sem Íslendingar hafa alla tíð haft á hestinum má
hafa öll heitin sem þeir hafa gefið þarfasta þjónin-
um. Á öðrum Evróputungum eru fá orð yfir hest,
en á íslensku eru þau ekki færri en 40 talsins (að
vísu tæpur helmingur þeirra niðrandi) og 10 orð
yfir hryssu.

Hestamannafélög

Eina helstu nýjung í hestamennsku á Íslandi má rekja til áranna uppúr 1980 þegar hafist var handa um hestaleigur handa ferðamönnum. Þessi nýja atvinnugrein hefur á síðustu árum átt miklum og ört vaxandi vinsældum að fagna, ekki síst meðal erlendra ferðamanna. Meðal annars er um að ræða einnar til tveggja vikna ferðir inná óbyggðir eða þvert yfir landið.

Á Íslandi eru nú um 76.000 hross, og gengur tæpur helmingur þeirra sjálfala og þarf ekki fóðrun nema í verstu vetrarhörkum. Árlega fæðast um 8.000 folöld í landinu. Hestamannafélög eru 48 talsins og félagar þeirra kringum 9.000, en talið er að um 40.000 manns stundi einhverjar útreiðar. Erlendis eru ríflega 60.000 hross af íslensku kyni, og hafa þau verið flutt úr landi á liðnum fjórum áratugum. Árið 1969 voru stofnuð alþjóðleg samtök áhugamanna um íslenska hestinn, FEIF, og voru stofnendur frá Íslandi, Vestur-Þýskalandi, Hollandi, Austurríki, Sviss og Danmörku. Síðan 1970 hafa þessi samtök staðið fyrir hestamótum og kappreiðum á tveggja ára fresti í ýmsum löndum, sem þúsundir hestamanna og annarra áhugamanna hafa sótt. Í hópinn hafa bæst Bandaríkin, Belgía, Bretland, Finnland, Færeyjar, Frakkland, Írland, Ítalía, Kanada, Lúxemborg, Noregur, Slóvenía og Svíþjóð.

Í þessum 19 aðildarríkjum eru nú 280 hestamannafélög með 40−50.000 félaga. Líkur eru á að íslenski hesturinn muni áður langt líður taka þátt í sérstökum sýningum á Ólympíuleikunum.

Á hinum alþjóðlegu hestamótum og kappreiðum má hvert aðildarríki tilnefna sjö þátttakendur, og hafa þeir verið látnir gangast undir mjög ströng hæfnispróf, meðþví íslenskir þátttakendur geta ekki horfið heim aftur, heldur verða að seljast erlendis ásamt reiðtygjum. Notuð reiðtygi má ekki flytja til Íslands. Þetta er nauðsynleg varúðarráðstöfun til að vernda íslenska hestakynið. Af sömu ástæðu eru hin alþjóðlegu hestamót og kappreiðar aldrei haldin á Íslandi.

Úrvalshross, hryssur jafnt sem stóðhestar, hafa verið seld til annarra landa, en Íslendingar hafa gætt þess að selja ekki bestu kynbótahrossin úr landi. Gæði hrossa sem flutt eru út ásamt mikilli alúð og vinnu erlendra hrossaræktenda hafa skilað góðum árangri. Hinsvegar verða hross af íslensku kyni, sem alin eru og tamin í erlendu umhverfi, gerólíku því sem gerist á Íslandi, fyrir umhverfisáhrifum sem að einhverju marki breyta eiginleikum þeirra. Ekki er nema eðlilegt að hross sem eytt hafa fyrstu árum ævinnar í hrjóstrugum óbyggðum Íslands, með nálega takmarkalausum víðernum og athafnafrelsi, þrói með sér eiginleika sem eru frábrugðnir eigindum hrossa sem geymd eru í rammgerum girðingum og vanin við heimilislíf frá öndverðu.

Trúarlegt gildi

Í einni bestu og vinsælustu fornsögu okkar, *Hrafnkels sögu*, er eitt helsta minnið stóðhestur og gefur til kynna að hross hafi haft trúarlegt gildi í heiðnum sið á Íslandi. Hinn voldugi goði Hrafnkell var ástríðufullur dýrkandi Freys og fyrir bragðið nefndur Freysgoði. Öllu sem honum var kært deildi hann með Frey, þarámeðal stórkostlegum fola sem hann nefndi Freyfaxa. Hrafnkell hafði svarið þess dýran eið að hann mundi ganga af hverjum þeim manni dauðum sem riði folanum í heimildarleysi. Smali hans, Einar að nafni, braut þetta bann við eitt tækifæri með þeim afleiðingum að Hrafnkell drap hann. Frændi Einars, Sámur, sótti mál á hendur honum á Alþingi fyrir manndráp, endaþótt málsóknin virtist með öllu vonlaus. Þegar hann var í þann veginn að gefa upp vonina, komu óvænt til liðs við hann bræður tveir úr öðrum landsfjórðungi sem höfðu á að skipa miklum mannafla. Hrafnkell var dæmdur í útlegð og hrakinn frá búi sínu að Aðalbóli, þarsem Sámur settist að. Heiðið hofið á bænum var brennt til grunna og Freyfaxa hrundið fyrir björg. Hrafnkell settist að í nálægri byggð þarsem hann komst brátt í efni og varð aftur voldugur maður. Loks rann upp tími hefndarinnar. Hrafnkell drap bróður Sáms og hrakti Sám sjálfan frá búi sínu. Uppfrá því var Hrafnkell virtur maður á sínu gamla setri til æviloka.

Elstu skráða heimild um eðli og athæfi germanskra þjóða er að finna í ritinu *Germania* eftir rómverska sagnfræðinginn Tacitus (ca. 55–120). Í tíunda kafla bókar sinnar hefur Tacitus þetta að segja um samband forfeðra okkar við hesta sína:

En það sem er einstætt um þessa þjóð er að hún reynir

að komast yfir fyrirboða og spádóma hjá hrossum. Skepnurnar eru aldar fyrir almannafé í fyrrgreindum helgum lundum. Hrossin eru mjallahvít og hafa aldrei verið notuð til óhelgra verka, og þegar þau hafa verið spennt fyrir goðavagninn fylgir þeim presturinn, konungurinn eða þjóðhöfðinginn, sem rannsakar hnegg þeirra og fnæs. Engin véfrétt er helgari en þessi hross, ekki einungis meðal alþýðu manna, heldur einnig meðal höfðingja, því endaþótt Germanir telji presta sína vera þjóna guðsins, þá telja þeir hestana vera trúnaðarvini hans.

Litir og litbrigði

Farver

Die Farben

The Colours

Hvítgrár, blesóttur
Skimmel – Schimmel – Grey/Gray

Ljósgrár
Skimmel – *Schimmel* – *Grey/Gray*

Steingrár

Blåskimmel – Apfelschimmel – Grey/Gray, drappled

Grár
Skimmel – Schimmel – Grey/Gray

22

Dökk-steingrár
Mørkskimmel – Dunkelschimmel – Grey/Gray, dark, drappled

Ljósgrár, dökkur í tagl og fax
Skimmel – Schimmel – Grey/Gray

24

Gráskjóttur

Skimmel/broget – *Schimmelschecke* – *Grey skewbald/Gray tobiano*

Gráskjóttur, blesóttur
Skimmel/broget – Schimmelschecke – Grey skewbald/Gray tobiano

Dökkgrár, vængskjóttur, blesóttur

Skimmel/broget – Schimmelschecke – Grey skewbald/Gray tobiano

27

Ljósrauður, glófextur, blesóttur

Lys rød med blis, lys man og hale – *Heller Fuchs mit Blesse, heller Mähne und Schweif* – *Chestnut/Sorrel with blaze, light mane and tail*

Glórauður

Lys rød, lys man og hale   –   Heller Fuchs mit heller Mähne und Schweif   –   Chestnut/Sorrel, light mane and tail

Rauður

Rød – Fuchs – Chestnut/Sorrel

Dreyrrauður

Blodrød – Rotfuchs – Blood Chestnut

Rauðglófextur, blesóttur

Rød med blis, lys man og hale – *Fuchs mit Blesse und Milchmaul, heller Mähne und Schweif* – Chestnut/
Sorrel with blaze, light mane and tail

Rauðglófextur, blesóttur

Rød med blis, lys man og hale – *Fucks mit Blesse und Milchmaul, heller Mähne und Schweif* – *Chestnut/ Sorrel with blaze, light mane and tail*

Rauðstjörnóttur með dekkra tagl og fax

Rød med stjerne – Fuchs mit Stern – Chestnut/Sorrel with star

Sótrauður
Sodrød – Dunkelfuchs – Liver chestnut

Rauðskjóttur, blesóttur
Rød/broget – Fuchsschecke – Chestnut, skewbald/tobiano

Rauðskjóttur, sokkóttur á afturfótum
Rød/broget   –   Fuchsschecke   –   Chestnut, skewbald/tobiano

37

Sótrauðskjóttur með hálfblesu

Mørk rød/Sodrød/broget med halvblis – Dunkelfuchsschecke – Liver chestnut, skewbald/tobiano

Dreyrrauð-stjörnóttur, sokkóttur, skottóttur
Rød/broget – Fuchsschecke – Chestnut, skewbald/tobiano

Rauð-glámblesóttur, sokkóttur
Rød med hjelm, hvide sokker – Fuchs, weiss gefesselt – Chestnut, sock

Rauðskjóttur, blesóttur
Rød/broget – Fuchsschecke – Chestnut, skewbald/tobiano

Rauðskjóttur
Rød/broget – Fuchsschecke – Chestnut, skewbald/tobiano

Svartur
Sort – Rappe – Black

43

Brúnn
Sortbrun – Rappe – Black

Brún-tvístjörnóttur

Sortbrun med stjerne og snip – *Rappe mit Stern und Schnippe* – *Black with star*

Móbrúnn

Sortbrun/Sort – Rappe – Black

Glóbrúnn
Sortbrun/Sort med rødlig skær – Erdbraun – Black, reddish sheen

Brúnskjóttur
Sort/broget – Rappschecke – Black, skewbald/tobiano

Brúnskjóttur
Sort/broget – Rappschecke – Black, skewbald/tobiano

49

Móbrúnn
Sortbrun/Sort – Rappe – Black

Brúnblesóttur
Sort med blis   –   Rappe mit Blesse und Milchmaul   –   Black with blaze

51

Gló-brúnskjóttur

Sort med rødlig skær/broget – Erdbraunschecke – Black, reddish sheen, skewbald/tobiano

Ljósjarpur
Lysebrun – Hellbraun – Light bay

53

Jarpur
Brun – Braun – Bay

Jarpur
Brun – Braun – Bay

Jarpur
Brun – Braun – Bay

Dökkjarpur
Mørk brun – Dunkelbraun – Dark bay/brown

Rauðjarpur, fagurjarpur og skjóttur

Rødbrun/broget – Rotbraun/schecke – Red bay, skewbald/tobiano

58

Jarpskjóttur
Brun/broget – Braunschecke – Bay, skewbald/tobiano

Dökk-skoljarpur (botnujarpur)

Mørk rødlig brun med melet mule – Dunkelbrauner mit Kupfermaul/Mehlmaul – Black brown/Dark bay brown with Coppernose/melaly nose

Glójarpur
Brun med rødlig skær – Erdbraun – Bay, reddish sheen

61

Bleikálóttur
Gul med sort ål, man og hale   –   Falbe mit Aalstrich   –   Dun with dark mane and tail

Bleikálóttur

Gul med sort ål, man og hale – Falbe mit Aalstrich – Dun with dark mane and tail

Dökk-bleikálóttur

Mørk, brunblakket/gul, sort ål, man og hale – Dunkelfalbe mit Aalstrich – Dark dun with dark mane and tail

Bleikálótt-skjóttur
Gul med sort ål, man og hale, broget – Falbe mit Aalstrich, schecke – Dun with dark mane and tail,
skewbald/tobiano

Bleikálótt-sokkóttur

Gul med sort man og hale, hvide fødder – Falbe mit Aalstrich, hoch weiss gestiefelt – Dun with dark mane and tail, stocking

Móálóttur
Musegrå med sort ål, man og hale – Mausfalbe – Blue dun/Grullo

67

Móálóttur

Musegrå med sort ål, man og hale   –   Mausfalbe   –   Blue dun/Grullo

Móálóttur
Musegrå med sort ål, man og hale   –   Mausfalbe   –   Blue dun/Grullo

69

Móskjóttur, sokkóttur

Musegrå med sort ål, man og hale, broget – Mausfalbeschecke – Blue dun/Grullo, skewbald/tobiano

Hvítur (albínó)
Albino – Albino – Blue eyed cream/Cremello

71

Leirljós
Palomino lys – Isabell – Light palomino

Leirljós
Palomino – Isabell – Palomino

Leirljós
Palomino   –   Isabell (Palomino)   –   Palomino

74

Ljósaskjóttur
Palomino/broget – Isabellschecke – Palomino, skewbald/tobiano

Fífilbleikur
Gul med ål – Falbe mit Aalstrich – Dun/Red dun

76

Fífilbleikur
Gul med ål – Falbe mit Aalstrich – Dun/Red dun

Bleikstjörnóttur með dekkra fax og tagl
Gul med ål og stjerne – Falbe mit Aalstrich – Dun/Red dun

78

Bleikur með dekkra fax og tagl
Gul med ål – Falbe mit Aalstrich – Dun/Red dun

79

Ljósmoldóttur
Lys, jordfarvet – Hellfalbe – Dun/Buckskin (Perlino)

Ljósmoldóttur, svartur í tagl og fax
Lys, jordfarvet – Falbe – Dun/Buckskin (Perlino)

Moldóttur
Jordfarvet – Falbe – Dun/Buckskin

Bleikálótt-moldóttur með ál
Gul/Jordfarvet med sort ål, man og hale – Falbe – Dun/Buckskin

Draugmoldóttur

Mørk/jordfarvet – Dunkelfalbe – Dark dun/Buckskin

Moldskjóttur

Lerjordsbroget – Falbschecke – Dun/Buckskin, skewbald/tobiano

Dökkmoldóttur, nösóttur, sokkóttur
Mørk/Jordfarvet med snip, hvide sokker og ben – Dunkelfalbe – Dark dun/Buckskin

Moldvindóttur

Jordfarvet/Sølvtonet – *Gelbfalbe Silver* – Dun/Buckskin, silver

Bleikálótt-vindóttur

Gul sølvtonet – Falbe mit silber Mähne und Schweif – Dun with silver dapple

Jarpvindóttur
Brungrå, sølvtonet – Dunkelkohlfuchs – Silver dapple bay

Jarpvindóttur
Brungrå, sølvtonet – Dunkelkohlfuchs – Silver dapple bay

Jarpvindóttur

Brungrå, sølvtonet – Dunkelkohlfuchs – Silver dapple bay

Móvindskjóttur
Brungrå, sølvtonet, broget – Dunkelkohlfuchsschecke – Silver dapple bay, skewbald/tobiano

Móvindskjóttur
Brungrå, sølvtonet/broget – Dunkelkohlfuchsschecke – Silver dapple bay, skewbald/tobiano

Vindóttur með ál, stjörnóttur

Brungrå, sølvtonet med ål og stjerne – Dunkelkohlfuchs mit Aalstrich – Silver dapple

Móvindóttur, blesóttur
Brungrå med blis, lys sølvtonet man og hale – Dunkelkohlfuchs mit silberweisse Mähne und Schweif – Silver dapple

Móvindóttur

Brungrå, sølvtonet — Dunkelkohlfuchs — Silver dapple, dark

96

Bleiklitföróttur

Stikkelhåret gul – Stichelhaarig – Dun/red dun roan

97

Rauðlitföróttur

Rød/Stikkelhåret — Stichelhaarig — Strawberry roan

Rauðlitföróttur

Rød/Stikkelhåret   –   *Stichelhaarig*   –   *Strawberry roan*

Rauðlitföróttur

Rød/Stikkelhåret – Stichelhaarig – Strawberry roan

Rauð-jarplitföróttur
Rødbrun/Stikkelhåret – Stichelhaarig – Red roan

Dökk-jarplitföróttur
Mørkebrun/Stikkelhåret – Stichelhaarig – Red roan

Brúnlitföróttur
Sortbrun/Stikkelhåret – *Stichelhaarig* – *Blue roan*

Litföróttir

Stikkelhåret – Stichelhaarig – Roan

104

Den islandske hest

Et særligt påfaldende træk ved det islandske sommerlandskab er de store hjorde af heste som går på græs over hele landet – oppe i fjeldene, langs landevejene, omkring bondegårdene. Om sommeren er hesten næsten lige så almindelig i landskabet som fårene, men om vinteren er den i store områder næsten det eneste man lægger mærke til. Trods det så spiller hesten næsten ingen praktisk rolle i folks hverdag.

I mere end tusinde år – fra landnamstiden og frem til begyndelsen af det 20. århundrede – havde den lille men utrolig stærke og udholdende hest mange vigtige opgaver. Faktisk var hesten det eneste mulige transportmiddel – bragte folk mellem landsdelene, transporterede produkter fra isolerede gårde ud til handelspladserne ude ved stranden og hjembragte i stedet madvarer og byggematerialer, bar hø hjem fra fjerne marker og engdrag, deltog hvert efterår i besværlige fåreindsamlinger, hentede jordemødre til fødende kvinder, læger til sygdomsramte folk og bragte til sidst ligene til graven. Og dette er kun nogle ganske få af de mange forskellige opgaver hesten blev betroet, og desuden gav den inspiration til utallige digte, historier og billeder.

Befordringsmidler på hjul blev først introduceret i Island omkring århundredeskiftet, således at igennem år-

hundrederne fik hesten tildelt den rolle som kærrer, lastvogne og tog havde i andre lande. Desuden har hestekød en del steder i landet været en af de vigtigste fødevarer, mens det i andre områder nærmest var forbudt, sandsynligvis på grund af gamle og nu glemte religiøse tabuer. Forbudet mod at spise hestekød efter kristendommens indførelse i år 1000 stammer fra, at man spiste hestekød under hedenske religiøse ceremonier. Nu om stunder har hesten kun én praktisk betydning ude på landet: fåreindsamlingen sker den dag i dag gerne fra hesteryg, selvom flyvemaskiner i nogle tilfælde også har overtaget denne rolle!

Selvom hesten har måttet vige for jeeps, traktorer og mekaniske høstredskaber, så er interessen for den i de forløbne år vokset og den er blevet en populær fritids- og underholdningsbeskæftigelse. Der er nok ikke nogen anden idræt der passer så godt til det islandske klima som hestesport, for det er en sport man kan dyrke uanset om det er godt eller dårligt vejr, i vinterstorme og i solskin og sommervarme. I Reykjavik og omegn er der omkring 10.000 heste og mindst 4.000 mennesker, der dyrker hestesport. Man kan finde en tilsvarende interesse i købstæder og bygder over hele landet, hvor hesteopdræt og tæmning er blevet en givtig næringsvej.

Denne voksende interesse for den islandske hest er langt fra noget specielt islandsk. I atten andre lande i Vesteuropa og Nordamerika dyrker man den islandske hest og interessen for den. På nogle af disse steder publicerer man endda specielle tidsskrifter om emnet.

En helt unik race

Hvad skyldes så denne interesse? Én af forklaringerne kunne være at den islandske hest udgør en helt unik race, som er udrustet med specielle egenskaber der kan spores langt tilbage i tiden. Da Island blev koloniseret medbragte landnamsmændene heste fra Vestnorge og De britiske Øer. Disse stærke og udholdende dyr, med deres små, muskuløse og robuste kroppe, var meget værdifulde for deres ejere såvel i freds- som i krigstid. I omkring 900 år eller fra det 11. århundrede har man ikke importeret nye heste til Island, således at den moderne islandske hest ikke bare er efterkommer af de heste som man red på i vikingetiden, men sikkert også nedkommet fra de heste som de legendariske brødre Hengist og Horsa brugte, da de invaderede England i det 5. århundrede. Den Ærværdige Bede (ca. 673–735) fortæller at Odin har været oldefader til disse to angelsaksiske konger, og det er bemærkelsesværdigt at begges navne har tilknytning til heste. Det tyske ord „Hengst" svarer til det danske „hingst", og det engelske ord „horse" betyder „hest". Således kan man nok argumentere for at den islandske hest har sin oprindelse i Goti og Grani fra heltekvadene i Edda, hvis ejere levede i det 5.

(Gundicarius, som var konge af Burgundiet) og det 6. århundrede (Siegebert, som var konge i Metz), selvom man på den anden side må tvivle på at deres gode herkomst kan spores helt tilbage til Odins otte-benede hest Slejpner!

Den tusindårige isolation af den islandske hest har betydet, at den har fastholdt visse egenskaber, som er forsvundet fra andre europæiske hestearter i løbet af de sidste fire århundreder. Blandt disse er de fem gangarter, som vil blive nærmere gennemgået senere. Mange mennesker tror at disse gangarter er resultatet af nogle forholdsvis nye ryttertricks, som islandske trænere har fundet frem til, men sådan er det langt fra. Man kan bevise at den mest populære gangart, *tölt* (tølt), og de heste som benytter sådan en gangart, *töltari*, er af gammel germansk afstamning. I middelalderens Tyskland fandtes en smidig og blød hesterace som hed *Zelter*. Navnet har sit sidestykke på latin, for hopper i pasgang blev i kejsertidens Rom kaldt for *thieldos*. Der var ganske megen kontakt mellem germanske stammer og romerne i det 2. og 3. århundrede.

Men tølt har en meget længere historie. Græske kunstnere udsmykkede allerede i det 5. århundrede før vores tidsregning friserne i Pathenon-templet på Akropolis med relieffer af en flok ridende mænd som hædrer Pallas Athene. Her kan man tydeligt se at rytterne sidder på heste der tølter og som er på størrelse med den islandske hest. Holdningen i ridtet og måden at sidde på er let genkendelig og ligner meget det som bruges den dag i dag i Island, og ingen hestekender er i tvivl om at de afbildede heste tølter.

Godt tusind år senere blev der lavet en statue af Charlemagne (742–814), hvor den store romerske kejser og pavens gode ven sidder til hest på en ganger som er helt lig den islandske hest, eller sagt med andre ord: Han sidder på Europahesten. Statuen står i Aix-la-Chapelle.

Man kan spørge hvorfor denne hesterace forsvandt i Europa men blev bevaret i Island. En af de vigtigste årsager er nok udviklingen af et vejsystem i Europa og ændrede behov hos militæret de sidste fire hundrede år. Frem til det 17. århundrede var Europahesten et alsidigt familie- og husdyr. Den fungerede som ridehest, pakhest og trækdyr, og var brugt af både rig og fattig. Den var en naturlig del af husholdningen og kunne blive fodret i nærheden af hjemmet. Da man begyndte at lægge veje over det hele kom kærrer og vogne ind i billedet, og så blev der kun brug for én type heste: vognhesten. På samme tid gik man i hæren over til at formere kavaleriet på en ny strategisk måde og det krævede en bestemt form for heste. Hesteracerne blev styrket gennem forædling og rendyrkning med den hensigt at gøre hestene til tunge og kraftige trækdyr. Den europæiske bonde blev ludfattig og havde efterhånden ikke læn-

gere råd til at holde rideheste. Dette gjaldt specielt omkring Tredive Års Krigen (1618–48). Efter den var det kun adelen og hæren som brugte heste som ridedyr. Rideheste i bønders eje blev sjældnere og sjældnere de fleste steder i Europa – undtagen i Island – mens man på den anden side i højere og højere grad satsede på opdrættede heste til brug i kavaleriet, således at forskellige former for væddeløb, forhindringsløb og andre tricks blev introduceret som led i optræningen af heste.

Alligevel var der to folkegrupper i det 17. århundredes Europa, som ikke var interesseret i de ny hesteracer: emigranterne der rejste til Nordamerika og til Sydafrika. De tog de gamle heste med sig ud til den nye verden og de som flyttede til Sydafrika fandt en lignende hesteart, Javahesten. Det er årsagen til at visse hesteracer i Nordamerika og Sydafrika har fem gangarter ligesom den islandske hest.

Det er klart at Islands isolation og de ekstreme livsvilkår har spillet en stor rolle i forbindelse med at holde racen ren og udvikle smidighed, udholdenhed og modstandskraft; kvaliteter som var nødvendige for at hestene kunne leve under de forhold og tåle den behandling de har fået som resultat af hungersnød og naturkatastrofer.

De fem gangarter

Den islandske hests fem gangarter kan man i mange tilfælde finde i én og samme hest. De islandske hesteopdrættere lægger hovedvægten på at få et godt tølt og en fin pasgang samt et godt temperament og at hesten er villig.

Skridt (*fetgangur*) er hestens langsommeste tempo. Takten er firdelt og gangen er ikke glidende. Skridtgangen blev mest brugt, når hestene blev bundet sammen og var med oppakning. Det er en gangart, der stadigvæk bliver brugt af pakhestene, når man rejser rundt om i landet.

Trav (*brokk*) er en forholdsvis grov todelt mellemliggende gangart, hvor hestens fodbevægelser er skråtstillede med et glid. Trav bruges oftest når man skal passere uvejsomt og kuperet terræn. Det er en forholdsvis ubehagelig gangart for rytteren, men i grunden er der mange former for trav.

Galop (*stökk*) er en gangart med et sikkert glid. I en vellykket galop høres tre hovslag. Galop bruges almindeligvis når hovedvægten lægges på fart, uanset om der rides over stenfyldte områder eller græsklædte sletter. En variant af galoppen er den korte galop (*valhopp*) som er en mere behagelig gangart, som bruges når man krydser alle former for landskab, selvom den på afstand anses for at være klodset, og blandt mange ryttere er den derfor upopulær.

Pasgang (*skeið*) er en hurtig todelt gangart. I pas bevæger hesten de to samsidige ben samtidig med et stort glid. I pasgang strækker hesten ud og retter sine fødder godt ud. Den stemmer kraftigt imod jorden og farten er lige så høj som hos en galoperende hest. Pasgang bruges kun på korte strækninger hvor der kræves høj hastighed. Under væddeløb starter hesten i galop, men må efter 50 meter med fuld fart gå over i pasgang. I optræningen af en alsidig ridehest består den sidste del i at optræne en god pasgang, og prisen på en god ridehest afhænger i høj grad af hvilken kvalitet en hests tølt og pasgang er.

Tølt er den islandske hests særlige kendetegn og adskiller den fra andre hesteracer i Europa. Tølt er en blød, fjedrende mellemliggende gangart med en jævn firdelt staccato og gangen er: højre bagfod, højre forfod, venstre bagfod, venstre forfod. Tølten anses for at være god når bevægelserne er glidende, frie og rytmiske, med et godt initiativ, fødderne skal være højt løftede og der skal være en fjedrende blødhed. Tølt bruges på jævne flader og veje. I tølt er det muligt at sætte farten op fra skridtgangstempo og op i stor fart. Man hører tølt som en distinkt og stadig firdelt rytme. Det er ligeledes ret synligt: hesten rejser hovedet stolt og majestætisk, og halen bevæger sig i en speciel bølgende bevægelse. Rytteren mærker også tydeligt tølten: på grund af den jævne firtakts rytme sidder han fuldstændig stille i sadelen uden galoppens svingende bevægelser.

Disse gangarter bliver sammen med hestens villighed, temperament og bygning evalueret og bedømt på årlige hestestævner over hele landet hvor avlshingste bliver samlet til bedømmelse. I konkurrencer bliver hestens gangarter, skønhed og villighed bedømt sammen med rytterens ridefærdighed. På et landsstævne i 1994 deltog ca. 800 heste i udstillingen og konkurrencerne. Der i blandt var 300 avlshingste. Der var ca. 10.000 tilskuere, der i blandt 4.000 udenlandske gæster. Stævnet varede i syv dage med et yderst varieret program.

Farvepragt

Den islandske hesterace er kendetegnet ved at være utrolig farverig og den har flere farvevariationer end andre racer i Europa. Dr. Broddi Jóhannesson lavede en studie af de farver, der nævnes på heste i gamle islandske kilder, og kom frem til det resultat at der var 64 forskellige farver. Nogle af disse farvevariationer kan man ikke finde i nutidens heste.

I en studie om den moderne islandske hests farvevariationer nævner dr. Stefán Aðalsteinsson 40 nuancer og udnævner farverne sort (brun), rødbrun og rød til at være de dominerende grundfarver. Der er selvfølgelig mange nuancer i de 40 farver som han nævner, men mange af dem har intet navn. Alt i alt regner man med at der findes 100 farvekombinationer på den moderne islandske hest.

Ifølge dr. Stefán Aðalsteinsson kan man opfatte den sorte (brune) farve som en arketype på alle hestes farver, så man kan direkte eller indirekte udvikle de andre farver ud fra den sorte. Den sorte farve kan ændre sig på forskellig vis og ligeledes kan farver der er afledt af den ændres til nye farver. Disse mutationer bliver styret af komplekse genetiske regler.

Menneskets bedste ven

Det er ikke nogen overdrivelse at sige, at uden hesten havde islændingene næsten ikke kunnet overleve på deres karrige, fjeldrige og afsondrede ø. Hesten var ikke kun menneskets trofaste og nødvendige tjener, men også dets bedste ven, som deltog i glædesstunder og højtideligheder, stod ved dets side når krise, håbløshed og naturkatastrofer truede. Hesten inspirerede vore digtere og billedkunstnere og var en aktiv del i vore drømme. Eller som en forfatter passende udtrykte det: vi ejede hesten og hesten ejede os.

På en vis måde kan man sige at hesten helt fra begyndelsen må have været et ubevidst symbol på menneskets overlevelsestrang i udkanten af den beboelige verden. Den stod som symbol på friheden og glæden ved de styrkende og korte sommermåneder mellem fjelde, jøkler, vulkaner, søer, elve, åer, vandfald, grønne dale og den grå ødemark – og den overlevede den lange og bitre kolde vinter, ofte uden særlig hjælp fra ejeren. Hesten var i grunden en lige så stor del af den islandske natur som for eksempel fjeldene og søerne og den blev lige så højt besunget som den ufrugtbare fosterjord.

Den islandske hests gennemsnitlige størrelse ligger på 134 centimeter og den vejer 380–400 kilo. Den modnes sent og man skal helst ikke begynde på tæmning før den er 4–5 år gammel. På den anden side er dens levetid anseelig, da den mange gange bliver 23–24 år gammel. Den er usædvanlig robust, sund, udholdende og hårdfør. Den er meget alsidig og har en interessant og yderst individuel personlighed. Den er blevet beskrevet som en første klasses familiehest, som egner sig for alle aldersgrupper af begge køn. Den er fornuftig, tålmodig, blød, men er i besiddelse af et hidsigt temperament, når der gives anledning til det. Går man meget op i hestens udseende, så kan den måske virke lidt pjusket, når den er i vinterpels, men også i den mundering virker den både gribende og attraktiv. På trods af sin stærke individualitet er den et socialt væsen, som helst vil stå i stald eller græsse med andre heste. Og den er meget populær blandt børn og unge.

At ride ude på landet en klar sommernat, følge de gamle stier, klatre over højde- og bakkedrag, vade igennem vandfald og passere uopdyrket ødemark kan virke helt overnaturligt – eller rettere man bliver en del af en højere virkelighed. Det kan godt være man er helt alene, men alligevel kan man mærke den stærke og personlige tilknytning til hesten og gennem den selve naturen. Man forenes på mystisk vis med naturkræfterne, bliver en uadskillelig del af landskabet og de tusindvis af forfædre, som i tredive generationer lod hånt om de forhindringer det hårdføre landskab stillede i vejen, med hjælp af menneskets modige og utrættelige ven, som altid var klar til at tjene det med tålmod, kraft og trofasthed. Det er blevet sagt at ingen af Guds skabninger har mere ret til Island end hesten – hvilket kan være helt korrekt – men det ville måske være mere rigtigt at sige, at hesten i samarbejde med mennesket har skabt de betingelser, som sikrede det islandske kulturliv, hvilket i sig selv er noget af en bedrift.

Som tegn på den ømhed islændingene alle dage har vist overfor hesten kan man blot henvise til alle de navne man igennem tiden har givet den. I de øvrige europæiske sprog er der kun få ord for hest, men på islandsk er der ikke færre end 40 for hingste (godt nok er knap halvdelen af dem nedladende) og 10 ord for hopper.

Rideklubber

En af de nyeste udviklinger indenfor hestesporten i Island begyndte i 1980, da man startede med at leje heste ud til turister. Denne nye erhvervsgren har i de sidste år fået voksende popularitet, ikke mindst blandt udenlandske turister. Der tilbydes bl.a. ugelange ture ind over højlandet og tværs over landet.

I Island er der i dag ca. 76.000 heste og knap halvdelen af disse skaffer sig selv føden og bliver kun fodret i den værste vinterkulde. Der fødes årligt ca. 8000 føl i landet. Der er 48 rideklubber over hele landet og deres medlemstal ligger på omkring 9.000, men man regner med at ca. 40.000 mennesker dyrker en eller anden form for ridesport. I udlandet er der godt 60.000 islandske heste, og de er blevet eksporteret de sidste fire årtier. I 1969 grundlagde deltagere fra Island, Tyskland, Holland, Østrig, Svejts og Danmark en international organisation for folk som er interesserede i den islandske hest (FEIF – The Federation of European Friends of the Iceland Horse). Siden 1970 har denne organisation hvert andet år arrangeret hestestævner og konkurrencer i forskellige lande, hvor tusinder af hesteinteresserede er mødt op. Der er kommet nye medlemmer fra USA, Belgien, England, Færøerne, Finland, Frankrig, Irland, Italien, Canada, Luxembourg, Norge, Slovenien og Sverige. I de 19 medlemslande eksisterer der nu 280 rideklubber med 40–50.000 medlemmer. Der er stor sandsynlighed for at den islandske hest inden længe vil deltage i en speciel udstilling ved Olympiaden.

Til de internationale hestestævner kan hvert medlemsland udnævne syv deltagere. Disse udvælges fra Islands side med stor omhu og hestene undergår en streng duelighedsprøve, da de ikke må vende tilbage, men sammen med rideudstyret må sælges i udlandet. Det er forbudt at importere brugt rideudstyr til Island. Dette er en nødvendig sikkerhedsforanstaltning for at værne om den islandske hest. Af samme grund kan internationale hestestævner aldrig afholdes i Island.

Mange gode heste, både hingste og hopper, er blevet solgt til andre lande, men islændingene passer dog på ikke at sælge de bedste avlshingste ud af landet. Den høje kvalitet på de heste, der eksporteres, og det store arbejde udenlandske hesteavlere gennem tiden har udvist, har givet gode resultater. På den anden side bliver en islandsk hest, som vokser op og optrænes i et udenlandsk miljø, helt anderledes end den islandsk opdrættede hest. Det anderledes miljø sætter sit præg på den. Det er kun naturligt at en hest som helt fra de første år af sit liv er vokset op i det barske højland i Island, med næsten ubegrænsede vidder og stor handlefrihed, udvikler andre egenskaber end de heste som bliver opbevaret på indhegnede arealer og tilvænnet et hjemmeliv lige fra fødslen.

Religiøs betydning

En af de bedste og mest populære sagaer, Hrafnkels saga, har en hingst som centralt motiv og understreger at hesten har haft en religiøs betydning i Island i hedensk tid. Den mægtige *gode* Hrafnkel var en lidenskabelig dyrker af Frey og blev derfor kaldt for Freysgode. Alt det han havde kært delte han med Frey, der i blandt en unghest som han kaldte for Freyfaxi. Hrafnkel havde svoret den dyre ed, at han ville dræbe den som red på hesten uden hans forlov. Hans hyrde, Einar, brød på et tidspunkt dette forbud og Hrafnkel måtte dræbe ham. Einars fætter, Sámur, anklagede Hrafnkel for drab på Altinget, trods det at sagsanlægget var håbløst. Da han lige var ved at give op, fik han uventet hjælp fra to brødre, som kom fra et andet distrikt i landet og som havde et stort følge med sig. Hrafnkel blev dømt fredløs og drevet bort fra sin gård, Aðalból, hvor Sámur bosatte sig. Det hedenske tempel blev brændt ned til grunden og Freyfaxi blev dræbt ved at blive skubbet ud over en klippe. Hrafnkel bosatte sig ved en nærliggende bygd, hvor han hurtig fik fremgang og igen blev en mægtig mand. Endelig oprandt hævnens time. Hrafnkel dræbte Sámurs broder og jagede Sámur bort fra sin gård. Fra den tid levede Hrafnkel som en anset mand på sin gamle ejendom frem til sin dødsdag.

Den ældste kilde om germanernes natur og opførsel kan man finde i skriftet *Germania* af den romerske historiker *Tacitus* (ca. 55–120). I bogens tiende kapitel har Tacitus følgende at fortælle vedrørende vores forfædre og deres forhold til heste:

Det enestående ved dette folk er at de prøver at læse varsler og spådomme ud fra heste. Dyrene bliver for offentlige midler opdrættet i de tidligere nævnte hellige lunde. Hestene er kridhvide og har aldrig været brugt i verdslig sammenhæng, og når de er blevet spændt foran den hellige vogn følger præsten, kongen eller fyrsten dem rundt og undersøger deres vrinsken og fnysen. Intet orakel er mere hellig end disse heste, ikke bare blandt almindelige folk men også blandt høvdinge, for selvom germanerne anser sine præster for at være gudens tjenere så anser de hestene for at være hans fortrolige.

Das Islandpferd

Zu den Besonderheiten und auffallenden Zügen der Weite eines isländischen Sommertages zählen große Schaf- und Pferdeherden auf den Wildweiden des ganzen Landes – in den Bergen, entlang der Straßen, rund um die Höfe. Im Sommer ist das Pferd ein fast ebenso bedeutender Teil der Landschaft wie das Schaf; im Winter aber ist es über weite Strecken häufig das einzige Lebendige, das den Blick fängt. Dennoch spielt das Pferd im täglichen Leben der Isländer so gut wie keine nützliche Rolle.

Über gut tausend Jahre – von der Landnahmezeit bis zum Anfang des 20. Jahrhunderts – erfüllte das kleine, aber erstaunlich kräftige und ausdauernde Islandpferd viele wichtige Aufgaben. Es war praktisch das einzige vorhandene Transportmittel – trug Bauern und die Landbewohner von einem Landesteil zum anderen, transportierte die Erzeugnisse der abgelegensten Höfe zum Handelsort an der Küste und kam von dort mit Lebensmitteln und Baumaterial zurück, trug das Heu per Packgeschirr von den Hauswiesen und entlegeneren Feldern zur Scheune, zog jeden Herbst zum schwierigen Schafabtrieb, brachte Hebammen zu den Gebärenden, Ärzte zu den Kranken und trug schließlich die Verstorbenen zum Grab. Hier werden nur einige der vielfältigen Aufgaben genannt, mit denen das Pferd betraut war; nicht zuletzt war es Thema unzähliger Gedichte, Geschichten und Bilder.

Zur vergangenen Jahrhundertwende wurden in Island erstmals Transportmittel auf Rädern eingesetzt. Zuvor hatte das Islandpferd jahrhundertelang die Rolle der Kutsche, des Wagens und sogar der Eisenbahn erfüllt. Dazu kam, daß Pferdefleisch in vielen Landesteilen grundlegend zur täglichen Ernährung zählte. In anderen Gegenden war es so gut wie verpönt, was wohl auf frühere, religiöse Tabus zurückgeführt werden kann, die heute vergessen sind. Das Verbot, Pferdefleisch zu essen, geht mit der Annahme des Christentums im Jahr 1000 einher und wurzelt in dem Brauch, bei religiösen Ritualen der vorchristlichen Zeit Pferdefleisch zu sich zu nehmen. Heute obliegt dem Pferd auf dem Lande nurmehr eine nützliche Rolle: Noch immer wird zum Schafabtrieb geritten. Doch selbst auf diesem Gebiet wird seine Aufgabe gelegentlich von Flugzeugen übernommen!

Wenn auch das Pferd dem Jeep, dem Traktor und den Heuerntemaschinen weichen mußte, genoß es in den vergangenen Jahrzehnten als Quell des Zeitvertreibs und der Entspannung zunehmendes Interesse und Popularität. Vielleicht paßt keine Sportart so gut zum isländischen Klima wie das Reiten, weil man es sowohl bei klarem Himmel als auch im Regen, im Schneesturm und unter strahlender, warmer Sommersonne genießen kann. In Reykjavík und den umliegenden Gemeinden leben etwa 10.000 Pferde und mindestens 4.000 eifrige Reiterinnen und Reiter. Vergleichbar ist das Interesse in den Handelsorten, den Dörfern und auf dem Land, wo sich Zucht und Ausbildung von Reitpferden zu einem einträglichen Erwerbszweig entwickelt haben.

Dieses steigende Interesse am Islandpferd ist keineswegs auf Island begrenzt. In achtzehn weiteren Staaten Westeuropas und Nordamerikas wirken Vereine, die sich der Zucht des Islandpferdes widmen und das Interesse an ihm fördern. Einige geben Spezial-Zeitschriften heraus.

Einzigartige Abstammung

Wie kommt es zu diesem Interesse? Eine Erklärung könnte sein, daß das Islandpferd eine einmalige Abstammung aufweist, geprägt von Merkmalen, die sich weit zurückverfolgen lassen. Als Island besiedelt wurde, brachten die Landnehmer Pferde aus Westnorwegen und von den Britischen Inseln mit. Diese kräftigen und ausdauernden Tiere waren ihren Besitzern sowohl in friedlichen als auch unfriedlichen Zeiten von hohem Nutzen. Seit der Jahrhundertwende um 1100 sind keine Pferde mehr nach Island eingeführt worden, so daß das Islandpferd nicht nur Nachfahr jener von den Wiking-

ern gerittenen Rösser ist, sondern möglicherweise auch von Pferden abstammt, welche die historischen Brüder Hengist und Horsa ritten, als sie im 5. Jahrhundert in England einfielen. Der Ehrwürdige Bede (ca. 673–735) behauptet, Odin sei Urgroßvater dieser beiden angelsächsischen Könige gewesen, und es ist natürlich eine Überlegung wert, daß sie nach Pferden benannt sind. Hengist läßt sich ohne weiteres als das deutsche Wort „Hengst" erkennen, während Horsa das englische „horse" beinhaltet. So kann man mit einiger Sicherheit davon ausgehen, daß das Islandpferd vom Geschlecht eines Goti und Grani aus den Heldenliedern der *Edda* abstammt, während deren historische Besitzer im 5. bzw. 6. Jahrhundert lebten, nämlich König Gundicarius von Burgund und König Siegebert von Metz. Doch läßt sich bezweifeln, ob sich dieses vornehme Geschlecht bis auf das Mythenpferd Sleipnir zurückführen läßt!

Die tausendjährige Isolation des Islandpferdes hat bewirkt, daß es einige Eigenschaften bewahrte, die bei anderen europäischen Pferderassen im Laufe der letzten vier Jahrhunderte verschwunden sind. Darunter fallen die fünf Gangarten, auf die weiter unten noch eingegangen wird. Vielfach wird davon ausgegangen, daß diese Gangarten das Ergebnis irgendwelcher vergleichsweise moderner Tricks isländischer Bereiter wären, doch ist dies grundfalsch. Es kann nachgewiesen werden, daß die Bezeichnungen der beliebtesten Gangart Tölt sowie die eines töltenden Pferdes, Tölter, germanische Wurzeln haben. Im mittelalterlichen Deutschland nannte man ein weich gehendes Pferd *Zelter*. Dieser Name hat auch Parallelen im Lateinischen, wo Stuten mit Paßgang in der römischen Kaiserzeit *thieldos* genannt wurden; im 2. und 3. Jahrhundert n. Chr. war der Austausch zwischen germanischen Stämmen und den Römern rege.

Der Tölt selbst hat jedoch eine viel längere Geschichte. Griechische Künstler des 5. Jahrhunderts v. Chr. zierten das Fries des Parthenon-Tempels auf der Akropolis zu Ehren der Pallas Athene mit Reiterreliefs. Dort ist deutlich zu sehen, daß die Ritter auf töltenden Pferden von vergleichbarer Größe des heutigen Islandpferdes sitzen. Reitweise und Sitz sind sehr leicht als das zu erkennen, was in Island üblich ist, und kein Kenner wird daran zweifeln, daß die Beinhaltung der Pferde nur Tölt darstellen kann.

Rund tausend Jahre später wurde ein Standbild von Karl dem Großen (742–814) geschaffen, wo dieser mächtige Kaiser Römischer Nation und gute Freund des Papstes auf einem Pferd reitet, das dem Islandpferd unmittelbar entspricht, oder mit anderen Worten: er reitet das Europäische Pferd. Das Standbild findet sich in Aix-la-Chapelle.

An dieser Stelle mag die Frage auftauchen, wieso jenes Pferd in Europa verschwand, in Island aber erhalten blieb. Eine der wichtigsten Erklärungen ist die Einrichtung fahrbarer Wege in Europa sowie veränderte Militärbedürfnisse der letzten vier Jahrhunderte. Bis zum 17. Jahrhundert war das europäische Pferd in seinem Erdteil ein vielseitiges Haustier: Reit-, Pack- und Zugpferd, das sich im Besitz Armer wie Reicher befand. Es gehörte als natürlicher Bestandteil zum Haushalt und wurde beim Haus gehalten. Nachdem Wege und Straßen in alle Richtungen gelegt worden waren, benutzte man Kutschen und Wagen und brauchte nur noch eine Art von Pferden: Zugpferde. Etwa zur gleichen Zeit wurde die Strategie der Kavallerie umstrukturiert. Die verstreuten und unorganisierten Einheiten verschwanden zugunsten von dichten und straffen, die wiederum eine spezielle Pferdeart verlangten. Durch Auswahl und Inzucht erhielt man schwere und starke Zugtiere. Der europäische Bauer verarmte und konnte sich keine Reitpferde mehr leisten. Dieser Einbruch fand insbesondere im Dreißigjährigen Krieg (1618–1648) und danach statt. In der Folge benutzte nur noch der Adel Reitpferde. Reitpferde verschwanden überall in Europa aus dem bäuerlichen Besitz, nur nicht in Island. Die Reitkunst des Kontinents paßte sich mehr und mehr den Bedürfnissen berittener Einheiten an, so daß diverse Wettrennen, Hindernislauf und andere Übungen als Teil einer zielgerichteten Ausbildung der Kavalleriepferde aufkamen.

Dessenungeachtet gab es im Europa des 17. Jahrhunderts zwei Gruppen, die kein Interesse an den neuen Pferdearten hatten: die Auswanderer nach Nordamerika und nach Südafrika. Sie nahmen die alte Pferderasse mit in ihre neue Heimat. In Südafrika fanden die Einwanderer eine vergleichbare Pferderasse, das Javapferd, vor. Aus diesem Grund verfügen bestimmte Pferderassen sowohl in Nordamerika, als auch in Südafrika über fünf Gangarten wie ihre Verwandten in Island.

Augenscheinlich hatten die Isolation Islands und die ungeheuer schweren Lebensbedingungen einen großen Anteil daran, die Pferderasse rein zu erhalten und jene Reitbarkeit, Zähigkeit und Widerstandskraft auszuprägen, die das Pferd brauchte, um unter den gegebenen Bedingungen und der Behandlung, die es jahrhundertelang aufgrund von mageren Weiden, Mißernten und Naturkatastrophen zu ertragen hatte, zu überleben.

Die fünf Gangarten

Die fünf Gangarten des Islandpferdes vereinen sich vielfach in einem einzigen Pferd. Reiner Tölt und guter Paß sind Hauptziele der isländischen Pferdezucht, zusammen mit ausgeglichenem Charakter und Gehwille.

Der *Schritt* ist die langsamste Gangart, ein Viertakt ohne Schwebephase. Er ist und war bei Pferdekarawanen mit Packgeschirr üblich und wird noch immer angewandt, wenn man mit Packpferden durch das Land zieht.

Der *Trab* ist ein rascher, eher harter, diagonal versetzter Zweitakt-Gang mit Schwebephase und ist immer dann angebracht, wenn über schwieriges oder rauhes Gelände geritten wird. Er ist eher unbequem für den Reiter, doch gibt es viele Trab-Spielarten, von denen einige durchaus nicht hart sind.

Der *Galopp*, die schnellste Gangart, weist eine eindeutige Schwebephase auf. Guter Galopp zeichnet sich durch drei Hufschläge aus. Er ist immer dann angebracht, wenn Tempo gefordert ist, sei es bei steinigem Gelände oder auf grasigen Ebenen. Eine Spielart des Galopps ist der kurze Galopp oder „Kuhgalopp", eine bei abwechslungsreichem Gelände bequeme Gangart, die jedoch weniger elegant anzusehen ist und bei Reitern nicht hoch im Kurs steht.

Paß ist ein rasanter, lateraler Zweitakt-Gang, bei dem die Beine einer Seite nahezu gleichzeitig aufgesetzt werden. Auch hier gibt es eine eindeutige Schwebephase. Das Pferd dehnt sich gut und streckt auch die Beine. Paß wird ausschließlich für kurze Spurts mit hohem Tempo eingesetzt. Bei Rennen beginnt das Pferd im Galopp und soll nach 50 m im schnellen Galopp in den Rennpaß fallen oder „gelegt" werden, wie die Reiter es nennen. Wechselt es die Gangart zum Galopp zurück, hat der Reiter das Rennen verloren. Beim Beritt eines

Fünfgängers wird der Paß zuletzt ausgebildet, und der Preis eines guten Pferdes richtet sich in hohem Maße nach den Paßeigenschaften.

Der *Tölt* ist das Kennzeichen des Islandpferdes und unterscheidet es von anderen Pferderassen Europas. Tölt ist ein weicher, federnder Gang mittleren Tempos mit einem Viertakt in gleichen Intervallen; die Fußfolge ist folgendermaßen: linke Hinterhand, linke Vorderhand, rechte Hinterhand, rechte Vorderhand. Das Pferd geht aufgerichtet und verkürzt den Rumpf. Ein guter Tölt zeichnet sich durch schwebende, freie und taktklare Bewegungen aus, ist ausgreifend, federnd weich und hat eine schöne Aktion. Tölt wird auf ebenem Untergrund und auf Wegen geritten, und dabei sitzt der Reiter so fest im Sattel, daß er nahezu unbeweglich wirkt. Im Tölt kann man das Tempo vom Schritt bis zu hoher Aktion steigern. Das Geräusch ist ein konstanter Viertakt-Rhythmus. Er ist außerdem sichtbar: das Pferd geht aufgerichtet und erhaben, der Schweif schwingt in eigenartigen Wellen. Auch der Reiter spürt den Tölt deutlich: er sitzt fast ein wenig starr im Sattel, so als säße er auf einer Ruderbank bei ruhiger See.

Diese Gangarten werden zusammen mit dem Gehwillen, den Charaktereigenschaften und dem Gebäude bei jährlichen Reiter- und Zucht-Treffen im ganzen Land geprüft und bewertet. Bei Gæðingar- (=Reit-) und Sportturnieren geht es um die Gangarten des Pferdes,

seine Schönheit und den Vorwärtsdrang im Verein mit dem Sitz und den Fähigkeiten des Reiters. Zum Landespferdetreffen, dem Landsmót, beteiligten sich im Sommer 1994 rund 800 Pferde an Schauen und Turnierdisziplinen. Darunter befanden sich 300 Zuchtpferde. Etwa 10.000 Zuschauer kamen aus diesem Anlaß zusammen, darunter 4.000 Besucher aus dem Ausland. Das Turnier mit seinem vielseitigen Programm dauerte sieben Tage.

Farbreichtum

Die isländische Pferderasse ist außerordentlich farbenfroh, vermutlich farbenreicher als andere europäische Rassen. Dr. Broddi Jóhannesson untersuchte die in alten isländischen Quellen genannten Pferdefarben wissenschaftlich und konnte 64 nachweisen. Einige dieser Farbstellungen kommen heutige nicht mehr vor.

In seiner Schrift über Farben des Islandpferdes der Gegenwart nennt Dr. Stefán Aðalsteinsson 40 Variationen, worunter die häufigsten schwarz (Rappe), braun (Brauner) und rot (Fuchs) sind. Selbstverständlich gibt es zahllose Schattierungen jener 40 Farben, die Stefán Aðalsteinsson nennt; doch viele davon sind namenlos. Insgesamt kann man etwa 100 Farbstellungen beim heutigen Islandpferd finden.

Nach Stefán Aðalsteinsson kann man davon ausgehen, daß schwarz die Grundlage aller Pferdefarben ist. Somit kann man alle anderen Färbungen direkt oder indirekt vom Schwarz her ableiten. Schwarz kann sehr variationsreich sein; ebenso können sich die davon hergeleiteten Farben zu anderen Schattierungen entwickeln. Diese erblichen Farbmutationen unterliegen komplizierten genetischen Gesetzmäßigkeiten.

Der beste Freund des Menschen

Es ist keine Übertreibung: Die Isländer hätten ohne das Pferd kaum auf ihrer harten, bergigen und abgelegenen Insel überleben können. Das Pferd war nicht nur der einzige und zuverlässigste Diener des Menschen, sondern auch sein bester Freund, nahm an seinen Vergnügungen und Festen teil und stand ihm in Zeiten der Not, Verzweiflung und Naturkatastrophen zur Seite. Das Pferd inspirierte unsere Dichter und Maler und beherrschte einen Gutteil unserer Träume. Oder wie ein Schriftsteller es treffend formulierte: wir besaßen das Pferd, und das Pferd besaß uns.

Gewissermaßen könnte man sagen, daß das Pferd seit Urzeiten ein unbewußtes Symbol der menschlichen Fähigkeit war, an der Grenze der bewohnbaren Welt zu überleben. Es genoß die Freiheit und das Glück der rasch vergänglichen Sommermonate zwischen Bergen, Gletschern, Vulkanen, Seen, Flüssen, Bächen, grünen

Tälern und grauem Ödland – und es überlebte jene langen und stets harten Winter, oft ohne nennenswerte Unterstützung seines Besitzers. Das Pferd war in der Praxis ein ebenso unverrückbarer Teil der isländischen Natur wie beispielsweise ein Berg oder ein See, und die Landsleute liebten es ebenso sehr wie ihre rauhe Heimat.

Das durchschnittliche Stockmaß des Islandpferdes beträgt 134 cm (14,1 Handbreiten), und es wiegt 380–400 Kilo. Als Spätentwickler sollte es vor dem 4. oder 5. Winter kaum eingeritten werden. Seine Langlebigkeit dagegen kann sich sehen lassen – oft wird es 23–24 Jahre alt, und es ist ungewöhnlich ausdauernd, robust, zäh und wetterhart. Es ist sehr vielseitig und hat eine interessante, sehr individuelle Persönlichkeit. Es wird als erstklassiges Familienpferd beschrieben, für alle Altersgruppen beider Geschlechter geeignet. Es ist vernünftig, geduldig, sanft, verfügt aber, wenn es darauf ankommt, über viel Temperament. Wer großen Wert auf das Aussehen legt, mag das Islandpferd im Winterfell für sehr struppig halten, doch gerade in diesem Gewand ist es so bezaubernd. Trotz seiner starken Individualität ist das Islandpferd ein soziales Wesen, das am liebsten im Stall oder im Herdenverband auf der Weide steht. Bei Kindern und Jugendlichen erfreut es sich großer Popularität.

In einer hellen Sommernacht auf dem Land auszureiten, alten Pfaden zu folgen, Hügel und Anhöhen zu erklimmen, Wasserläufe zu durchwaten oder über unfruchtbares Ödland zu reiten birgt einen Anflug von Unwirklichkeit in sich – oder vielleicht eher einer höheren Wirklichkeit: es kann sein, daß man allein unterwegs ist, und dennoch spürt man die starke und sehr persönliche Verbindung zum Pferd und über das Pferd zur Natur selbst. Man vereint sich auf geheimnisvolle Art mit den Kräften der Natur, wird zum untrennbaren Teil des Landes und jenen zehntausenden Vorfahren, die über dreißig Generationen hinweg allen Unwägbarkeiten dieses harten Landes in der Gefolgschaft jenes kühnen und unbeugsamen Freundes der Menschen getrotzt haben, der immer zum Dienst bereit war, stets beharrlich, stark und zuverlässig. Es heißt, daß kein Tier der Schöpfung Gottes mehr Anspruch auf Island habe als das Pferd – was durchaus korrekt ist, doch realistischer wäre vielleicht die Feststellung, daß das Pferd zusammen mit dem Menschen die Bedingungen zu einer vitalen isländischen Kultur schuf – was auf seine Weise keine geringe Leistung ist.

Als Beleg jener Zuneigung, die die Isländer dem Pferd stets entgegenbrachten, mögen die vielen Bezeichnungen ihres besten Dieners gelten. Andere europäische Sprachen begnügen sich mit einigen Begriffe für das Pferd, im Isländischen aber sind es nicht weniger als 40 (knapp die Hälfte allerdings abwertend), und für Stute gibt es 10 Synonyme.

Reitervereine

Eine der wichtigsten Neuerungen der isländischen Reiterei geht auf die Jahre vor und nach 1980 zurück, als Reitmöglichkeiten für Touristen geschaffen wurden. Dieser neue Erwerbszweig erfreut sich in den letzten Jahren großer und stets steigender Beliebtheit, nicht zuletzt bei ausländischen Islandreisenden. U.a. handelt es sich um ein- bis zweiwöchige Reittouren in das unbewohnte Inland oder quer über die Insel.

Heute leben 76.000 Pferde in Island. Knapp die Hälfte davon lebt frei und sucht sich – abgesehen von harten Wintereinbrüchen, wo zugefüttert wird – das Futter selbst. Jährlich werden in Island etwa 8.000 Fohlen geboren. Es gibt 48 Reitervereine mit insgesamt rund 9.000 Mitgliedern, doch wird davon ausgegangen, daß etwa 40.000 Isländer auf die eine oder andere Weise ausreiten. Im Ausland leben mehr als 60.000 Islandpferde, vorwiegend während der letzten vier Jahrzehnte exportiert. Im Jahr 1969 wurde ein internationaler Interessensverband des Islandpferdes, FEIF, gegründet; Gründungsmitglieder waren die Bundesrepublik Deutschland, Dänemark, Holland, Island, Österreich und die Schweiz. Seit 1970 hält der Verband im Abstand von zwei Jahren Turniere und Rennen in wechselnden Ländern ab, von tausenden Reitern und anderen Interessierten besucht. Belgien, die Färöer-Inseln, Finnland,

Frankreich, Groß-Britannien, Irland, Italien, Kanada, Luxemburg, Norwegen, Schweden, Slowenien und die USA sind dem Verband sukzessive beigetreten. Damit sind jetzt 19 Staaten mit 280 Reitervereinen und 40–50.000 Mitgliedern zusammengeschlossen. Es besteht die Wahrscheinlichkeit, daß Islandpferde in absehbarer Zeit an speziellen Rennen der Olympischen Spiele teilnehmen werden.

Jeder Mitgliedsstaat kann sieben, sehr strengen Auswahlkriterien unterworfene Teilnehmer für die internationalen Turniere und Rennen nominieren; dazu kommt, daß isländische Pferde nach der Teilnahme nicht mehr in ihre Heimat zurückkehren dürfen, sondern mit Sattel und Geschirr im Ausland verkauft werden. Gebrauchtes Reitzubehör darf nicht nach Island eingeführt werden, eine notwendige Vorbeugemaßnahme zum Schutz der isländischen Pferderasse. Aus dem gleichen Grund werden internationale Turniere und Rennen nie in Island abgehalten.

Man hat Spitzenpferde – Stuten ebenso wie Hengste – ins Ausland verkauft, doch haben Isländer darauf geachtet, nicht die besten Zuchtpferde zu verlieren. Die Qualität der exportierten Pferde zeitigt im Verein mit Hingabe und Einsatz ausländischer Pferdezüchter grossen Erfolg. Andererseits sind Islandpferde, in fremder Umgebung gezogen und eingeritten, völlig anders als die in Island aufgewachsenen, abhängig von Umwelt-

faktoren, die die Eigenschaften der Pferde bis zu einem gewissen Grad beeinflussen. Es ist nicht mehr als natürlich, daß Pferde, die die ersten Jahre ihres Lebens in fast unbegrenzter Weite und riesigem Aktionsraum im rauhen isländischen Hochland verbrachten, andere Eigenschaften entwickeln als ihre Artgenossen, die in unüberwindlichen Gehegen gehalten werden und den Umgang mit Menschen von klein an gewöhnt sind.

Religiöse Bedeutung

Eine unserer besten und populärsten Sagas, die *Saga von Hrafnkell*, zählt zu den wichtigsten Denkmälern für Hengste und offenbart die religiöse Bedeutung der Pferde in vorchristlicher, isländischer Zeit. Der mächtige Gode Hrafnkell war ein leidenschaftlicher Anhänger des Gottes Freyr und wurde deshalb Freysgoði, Gode des Freyr, genannt. Alles, was er liebte, teilte er mit seinem Gott, darunter ein großartiges Jungpferd namens Freyfaxi. Hrafnkell gelobte, daß jeder sterben müsse, der Freyfaxi ohne Erlaubnis reiten würde. Sein Hirte Einar brach das Verbot einmal mit der Folge, daß Hrafnkell ihn tötete. Sámur, ein Verwandter jenes Einar, klagte vor dem Althing auf Mord, wengleich der Fall von Anfang an so gut wie verloren war. Als er gerade die Hoffnung aufgeben wollte, traf er unerwartet auf die Unterstützung zweier Brüder eines anderen Landesteiles, die über starke Mannschaften verfügten. Hrafnkell wurde zum Gesetzlosen erklärt und von seinem Anwesen Aðalból vertrieben, worauf Sámur sich dort niederließ. Der heidnische Tempel auf Aðalból wurde niedergebrannt, Freyfaxi von einer Klippe gestoßen. Hrafnkell ließ sich in der Nähe nieder und kam bald wieder zu Reichtum und Ansehen. Schließlich zog die Zeit der Rache herauf. Hrafnkell tötete den Bruder von Sámur und verjagte jenen von seinem Hof. Danach lebte Hrafnkell als geachteter Mann bis zum Ende seiner Tage auf seinem alten Anwesen.

Die ältesten schriftlichen Berichte über die Natur Germaniens sowie Interpretationen germanischer Bräuche finden sich in der *Germania* des römischen Historikers Tacitus (ca. 55–120). Im zehnten Kapitel seines Buches hat Tacitus über das Verhältnis unserer Vorfahren zu ihren Pferden folgendes zu sagen:

Einmalig aber bei diesem Volk ist, daß es versucht, Vorzeichen und Prophezeiungen über Pferde zu erhalten. Die Tiere werden auf Kosten der Allgemeinheit in beschriebenen heiligen Hainen gehalten. Die Pferde sind schneeweiß und werden nie zu profanen Arbeiten herangezogen, und wenn sie vor den Götterwagen gespannt worden sind, folgt ihnen der Priester, der König oder das Staatsoberhaupt, welche das Wiehern und Schnauben studieren. Kein Orakel ist heiliger als diese Pferde, nicht nur bei dem gemeinen Volk, sondern auch unter den Häuptlingen, und weil die Germanen ihre Priester für Diener Gottes halten, so halten sie die Pferde für seine Vertrauten.

The Iceland Horse

Among the peculiar and salient features of the Icelandic summer scenery are the large herds of grazing horses to be found all over the country – in the mountains, near the highways, around the farms. In summer the horse is almost as common a part of the landscape as the sheep, while in winter he is in many areas the only stirring object for miles and miles. And this despite the fact that the horse has lost most of his practical use in daily life.

For more than a thousand years, from the settlement of the country in the late 9th century up to the early 20th century, the rather small but amazingly sturdy and enduring horse had many vital tasks to perform. He was in effect the only means of transport – bringing people from one corner of the country to another, carrying goods between remote inland farms and trading points on the coast, taking home the hay from distant fields, rounding up sheep in the mountains in autumn, conveying midwives to women in childbirth, sick people to the doctor, and the dead to the grave. These were merely a handful of the diverse tasks entrusted to the faithful and loyal horse, the subject of innumerable poems, stories, and pictures.

Wheeled vehicles only made their appearance in Iceland at the turn of the century, so that the horse played the rôle of cart, wagon, buggy, train, etc. In addition, horse meat has been staple food in many parts of the country, while in other parts it has always been anathema, probably owing to ancient and now forgotten religious taboos. The prohibition against eating horse meat after the adoption of Christianity in the year 1000 stemmed from the practice of eating it in pagan religious ceremonies. Today the horse has only one – dwindling – practical function in the countryside, that of carrying the farmers during the sheep round-up in autumn. Even here, aircraft have in some cases, taken over!

However, while the horse has been eclipsed in the countryside by jeep, tractor, and mechanized haymaking, he has enjoyed a steadily growing interest and importance as a source of pleasure and relaxation. As a matter of fact, there is probably no sport more congenial to weather conditions in Iceland than equitation, for you can enjoy it in fair weather and foul, in raging snowstorms just as in sunshine and summer heat. In Reykjavík and neighbouring towns there are some 10,000 horses and at least 4,000 regular riders. Similar interest is being shown in towns and villages around the country as well as in the countryside, where the rearing and taming of horses has become a lucrative proposition.

This fast growing interest in the Iceland Horse is by

no means confined to the Icelanders themselves. There are clubs encouraging and cultivating the Iceland Horse in eighteen other countries in Western Europe and North America, some of them publishing special periodicals devoted to the subject.

A Unique Race

Why all this interest? One reason may be that the Iceland Horse is a unique race with some rare peculiarities, which can be traced back many centuries. The settlers of Iceland brought with them horses from Western Norway and the British Isles. Those strong and enduring animals, with their small, muscular and sturdy bodies, were of great value to their masters in peace as well as warfare. For some 900 years no horses have been imported to the country, their ingress being illegal since the 11th century, so that present-day horses are not only the same as those of the Viking Age, but probably also descended from the horses used by the legendary brothers Hengist and Horsa when they invaded England with their Anglo-Saxons in the 5th century. The Venerable Bede (*ca.* 673–735) says that the two kings were the great grandsons of the god Ódin, and it is highly significant that their names mean literally "stallion" (Hengst in German) and "horse". All this would obviously make the Iceland Horse a descendant of Grani and Goti of Eddic-heroic fame, whose owners lived in the 5th (Gundicarius king of Burgundy) and 6th (Siegebert king of Metz) centuries, though their pedigree can hardly be traced to Ódin's eight-footed steed Sleipnir!

The millennial isolation of the Iceland Horse has preserved in him some of the peculiarities lost in other European breeds over the past four centuries. Among them are the five gaits to be described below. Many people think these gaits are some fairly new Icelandic equestrian trick, but that is far from being the case, as the name for the most peculiar gait, *tölt*, and for the horse employing such a gait, *töltari*, are of ancient Germanic origin. *Zelter* was an agile and smooth-moving horse in medieval Germany. The word also has its counterpart in Latin, for gently moving mares in imperial Rome were called *thieldos*. There was considerable contact between the Germanic peoples and the Romans during the 2nd and 3rd centuries of our era.

But *tölt* has an even older history. Greek artists of the 5th century B.C. decorated the friezes of the Parthenon on the Acropolis with cavalcades of horsemen riding to do honour to Pallas Athena. There we observe men riding on *tölting* horses of similar size as the present-day Iceland Horse. The method of sitting is typical, and there are clear examples of *tölt* in the movement and position of the horses' feet.

More than a thousand years later, a statue of Charlemagne (742–814) was made, where the great Roman Emperor and friend of the Pope is sitting on the equivalent of an Iceland Horse, that is to say the original European horse. The statue is to be seen at Aix-la-Chapelle.

One may wonder how this breed of horses became extinct in Europe while they were preserved in Iceland. One major reason was the development of roads and military requirements over the past four centuries. Until the 17th century, the European horse was an all-round small family horse: a riding horse, a packhorse, and a draught animal, owned and used by rich and poor alike. He was a natural part of every household, kept near home. When extensive roads brought carts and carriages, only one kind of horse was needed, the draught horse. When at the same time cavalry turned from loose to closed formation, a special kind of horse was required. The breeds were strengthened by pedigree and cross-breeding in order to make the horses into heavier and stronger draught animals. The European peasant became poor and could no longer own riding horses. This was especially the case during and after the Thirty Years' War (1618–48). After that, only the army and the nobility used horses for riding. Peasant horsemanship disappeared from all parts of Europe, except Iceland, while riding was influenced by the need for cavalry horses, so that all manner of racing, steeple-chasing and other tricks were introduced in order to train the horses.

However, there were two groups in 17th-century Europe that were not interested in new breeds of horses: the emigrants to North America and South Africa. They took with them the old breed to North America and found a similar race in South Africa (the Java Horse). Thus, five-gaited horses are to be found in North America and South Africa.

Obviously, the isolation of Iceland and its extremely adverse conditions played a major rôle in keeping the race pure and developing the agility, toughness and resistance demanded for surviving the circumstances and the treatment which the horses had to endure as a result of the semi-starvation prevailing in Iceland through many centuries.

The Five Gaits

The five gaits of the Iceland Horse are frequently to be found in one and the same animal. Good *tölt* and pace are the overriding policy in Icelandic horse breeding along with good disposition and spirit.

The walk or step (*fetgangur*) is the idling speed of the horse. The beat is quartered and the gait proceeds without a glide. The step was used when the horses were tied together in a train and had loads on their backs. It is still used by packhorses when travelling cross-country.

The trot (*brokk*) is a rather rough, two-beat intermediate gait, the movement of the feet being slanting with a glide. Trot is used when the rider is crossing rough country. It is sometimes rather hard on the rider, but actually there are many nuances of trot.

The gallop (*stökk*) is a passage gait with a distinct glide. In good gallop three hoofbeats are heard. The gallop is reserved for occasions when speed is the main factor, both over stony ground and grassy plains. A variant of the gallop is the canter (*valhopp*), a convenient gait when traversing mixed terrain, but it is considered unsightly and therefore not very popular amongst horsemen.

The pace (*skeið*) is a swift two-beat passage gait. The movement of the feet is accompanied by a great glide. In pace, the horse stretches himself thoroughly and straightens his feet. The thrust is forceful and the speed similiar to a galloping horse. Pace is used for short stretches at high speed. In pace, the horse moves the two feet on each side simultaneously. In racing, the horse starts by galloping and must after 50 metres, at full speed, change over into pace. In the training of a five-gaiter, the last stage consists in exercising the racing pace, and the price of a five-gaiter depends on the quality of his *tölt* and pace.

The rack or single foot or running walk (*tölt*) is the distinctive gait of the Iceland Horse, setting him apart from other European breeds. It is a soft, resilient intermediate gait with a regular four-beat staccato and the footfalls are: back left, front left, back right, front right. The *tölt* is good when the movements are gliding, free and rhythmic, with good initiative, nicely raised feet and resilient softness. *Tölt* is used for taking it easy over smooth ground. It is a gait that with unaltered footfall can escalate its swiftness from mere step to great speed. One hears the *tölt* distinctly as a constant four-beat staccato; one sees it also: the horse is proudly erect and carries his tail in a typically undulating movement. Finally, the rider feels the *tölt:* he sits, conditioned by the even four-beat rhythm, perfectly still in his saddle, without the tossing movement of the trot.

These five gaits, along with the spirit, good disposition and build of the horse, are evaluated and judged at annual horse shows all around Iceland where stallions and mares are gathered for judgement.

In a competition for good riding horses, the gaits and the beauty of a horse are judged along with the method of sitting and the horsemanship of the rider.

At the Icelandic Horse Meet in 1994, some 800 horses took part in shows and races, among them some 300 breeding animals. The spectators were around 10,000, of whom about 4,000 were foreign visitors. It lasted seven days with a highly varied program.

A Feast of Colours

The Iceland Horse has a rich variety of colours, probably richer than any other European breed. An Icelandic scholar, Broddi Jóhannesson, made a study of horse colours mentioned by name in ancient sources, and found them to number no less than 64 varieties. Some of those varieties are not to be found in modern horses.

In his book on the colour varieties of the Iceland Horse today, the statistician and geneticist Stefán Adalsteinsson numbers 40 kinds, the dominant basic colours being black, bay, and red. There are of course many nuances to the 40 colour varieties named by him, but many of these don't have specific names. Altogether some 100 colour combinations are to be found in the present-day Iceland Horse.

According to Stefán Adalsteinsson, black may be said to be the archetype of all colours, so that other colour varieties can be developed from black, directly or indirectly. Black can change in many ways, and its derivative colours can also change into new colours. These mutations are governed by complex genetic laws.

Man's Best Friend

It would not be an exaggeration to maintain that without the horse the Icelanders would in all probability not have survived in their barren, mountainous, and remote island. Not only was the horse man's "most useful servant" (his title of distinction in Iceland), but also his best and most loyal friend, taking part in his festivities and celebrations, standing by his side in times of need, despair, and natural catastrophes. The horse inspired our poets and painters and figured prominently in our dreams. As one writer has aptly put it, we possessed and were possessed by the horse.

In a sense, the horse may have been the subconscious symbol of man's survival on the verge of the habitable world, standing for the freedom and intoxication of the brief and invigorating summer months amid mountains, glaciers, volcanoes, lakes, rivers, waterfalls, green valleys and grey wastelands – and he could endure the long and bitter winters, often with very little help from his owner. The horse became as much a part of nature in Iceland as a mountain or a lake, and was loved by the Icelanders with the same kind of fervour they loved their barren land.

The size of the Iceland Horse is on the average about 134 centimetres (14.1 hands) and his weight 380–400 kilogrammes. The horse matures slowly and should preferably not be broken in until he is 4–5 years old. On the other hand, he has a long life-span, often 23–24 years.

He is uncommonly robust, healthy, enduring and

weather-resistant. He is highly versatile and has an interesting and highly individual character. He has been described as a first-class family horse, equally suitable for all age groups of both sexes. He is intelligent, good-natured, patient and easy-going, but does possess a fiery temperament when the occasion calls for it. To those concerned about appearance he may be a little too shaggy two-thirds of the year, when wearing his "winter-coat", but he still looks attractive. For all his individuality, he is a social animal, preferring to be housed with other animals and to graze in a herd. And he is exceedingly popular with children and youngsters.

Riding during the bright Icelandic summer night out into the countryside, following old paths, climbing hills, fording rivers, or traversing pathless wastelands, has about it an air of unreality, or rather an air of higher reality: you may be quite alone, but you feel a strong and very personal attachment to the horse, and through the horse to nature itself. You are somehow immersed in the elements, become one with the country and all those thousands of forebears, who, for thirty generations, braved all the obstacles of a harsh landscape with the aid of the spirited and indomitable companion of man, always ready to serve, always strong and enduring. It has been said that none of God's creatures has a higher claim to Iceland than the horse, which may be quite true, but a more realistic view would be that, in colla-boration with man, the horse created the conditions which brought about Icelandic culture – no mean achievement.

An indication of the esteem in which the Icelanders held their horse are the numerous appellations they have given him. English has very few nouns for a horse, but in Icelandic there are over 40 for a male horse (almost half of them derogatory) and some 10 for a mare.

Riding Clubs

A recent development, started in the 1980s, are the fast-growing rent-a-horse outfits in various parts of the country, organizing week-long or longer riding tours for groups of foreign tourists into the uninhabited interior. There has been a veritable boom in that kind of tourist service in recent years.

There are about 76,000 horses in Iceland, of which almost half are semi-wild and remain out-of-doors all the year, without needing any fodder in a normal winter. Annually some 8,000 colts are born in the country. There are now 48 riding clubs around the country with a membership of about 9,000, while regular riders number some 30–40,000. There are over 60,000 horses of Icelandic stock that have been exported over the past four decades to foreign countries. The Federation of European Friends of the Iceland Horse (FEIF) was founded in 1969 by Iceland, West Germany, the Netherlands, Austria, Switzerland, and Denmark. Since 1970 it has organized biennial shows and races in the various member countries, attended by thousands of horsemen and other interested people. New members of the Federation are Belgium, Britain, Canada, the Faroe Islands, Finland, France, Ireland, Italy, Luxembourg, Norway, Slovenia, Sweden, and the U.S.A. In the 19 member countries there are 280 riding clubs with a membership of 40–50,000. In all probability the Iceland Horse will soon be participating in special shows at the Olympic Games.

At the biennial world shows and races each member is entitled to seven entries, and these have been subjected to very severe selection, since the Icelandic entries cannot return home, but must be sold abroad along with their riding gear. Used saddles and bridles are also excluded from the country. This is a necessary precaution to protect the stock in Iceland. For the same reason, the world shows and races are never held in Iceland.

Outstanding horses, mares as well as stallions, have been sold to foreign countries, although the Icelanders have been careful not to sell their best breeding stock. The quality of the available animals as well as hard work have brought good results from breeders abroad. On the other hand, horses of Icelandic provenance, born and bred in a continental environment, which is radically different from the Icelandic one, are to some extent modified or influenced by the change. It is only natural that a horse, having spent his first years in the barren wilderness of Iceland, with its almost unlimited space and freedom of movement, should develop characteristics different from those of horses kept in fenced-off areas and more or less domesticated from birth.

Religious Significance

One of the best known Sagas of Icelanders, *Hrafnkel's Saga,* has a stallion as a central motif, indicating that the horse also had a religious significance in heathen Iceland. The powerful chieftain or *godi* Hrafnkel was a zealous worshipper of the fertility god Frey and therefore acquired the cognomen *Freysgodi*. With Frey he shared equally his most precious possessions, including a magnificent stallion which he called Freyfaxi.

Hrafnkel had sworn a solemn oath that it would be the death of any man who rode this stallion against his will. His sheep herdsman, a young man by the name of Einar, once transgressed against this prohibition, and Hrafnkel slew him.

Einar's cousin, Sám, brought suit against Hrafnkel for manslaughter at the General Assembly *(Althing)*, although the undertaking seemed to be hopeless. Just when he was on the point of giving up, he received unexpected help from two brothers who had come from a distant district with a large body of followers. Hrafnkel was sentenced as an outlaw and driven away from his estate, where Sám now made his abode. The pagan temple on the farm was burned down and Freyfaxi was killed by being pushed off a cliff.

Hrafnkel settled down in a neighbouring district, where he soon prospered again and once more became a powerful man. Finally the time was ripe for retaliation. Hrafnkel killed Sám's brother and chased Sám himself from his farm. Thereafter Hrafnkel was a respected man on his old estate as long as he lived.

The oldest written account of the nature and manners of the Germanic peoples is to be found in *Germania* by the Roman historian Tacitus (*ca.* 55–120). In Chapter X he describes one feature of the coexistence of our ancestors and their horses. Those familiar with Nordic mythology and the Eddic poems will recognize the analogy:

But what is unique about this nation is that it tries to obtain omens and predictions from horses. The animals are reared at public expense in the aforementioned sacred woods. The horses are snow-white and have never been used for any non-sacred work, and when they have been harnessed to the divine chariot they are accompanied by the priest, the king, or the head of state, who studies their neighs and snorts. No oracle is more sacred than these horses, not only among the populace but also among the chieftains, for although the Germans regard the priests as the servants of the Lord they regard the horses as his confidants.

Myndir

60   Við Korpúlfsstaði. 1977
61   Kvistur frá Gullberastöðum, Borgarfirði. 1995

BLEIKÁLÓTTIR, MÓÁLÓTTIR:
62   Fannar frá Kálfhóli. 1995
63   Í Reykjavík. 1995
64   Við Hellu. 1994
65   Við Velli á Kjalarnesi. 1995
66   Fluga frá Útey, Árnessýslu. 1990
67   Fljóð 6682 frá Brávöllum, Eyjafirði. 1987
68   Víðir frá Gerðum, Rangárvallasýslu
69   Hrannar frá Höskuldsstöðum, Breiðdal. Stóðhestur
70   Við Hellu. 1994

LEIRLJÓSIR, BLEIKIR:
71   Fönn frá Reykjum, Mosfellsbæ. 1976
72   Léttfeti frá Skammbeinsstöðum, Rangárvallasýslu. 1995
73   Á Varmárbökkum í Mosfellsbæ. 1995
74   Við Korpúlfsstaði. 1977
75   Við Murneyri, Árnessýslu
76   Við Mosfellsbæ. 1989
77   Blær frá Ártúnum, Landeyjum
78   Við Blikastaði. 1995
79   Örn frá Búðarhóli, Landeyjum

MOLDÓTTIR:
80   Flóra frá Reykjum við Mosfellsbæ
81   Við Mosfellsbæ. 1994
82   Við Fák, Reykjavík. 1994
83   Við Mosfellsbæ. 1995
84   Í Mosfellsdal. 1995
85   Í Mosfellsdal. 1993
86   Skuggi frá S-Völlum, V-Húnavatnssýslu

VINDÓTTIR:
87   Geisli 858 frá Helgafelli, Mosfellsbæ. 1978
88   Við Vík í Mýrdal. 1995
89   Fengur frá Stekkholti, Biskupstungum
90   Við Korpúlfsstaði. 1977
91   Á Kjalarnesi. 1980
92   Í Mosfellsbæ. 1994
93   Melrós frá Miðsitju, Skagafirði. 1990
94   Mygla frá Kringlumýri, Skagafirði. 1995
95   Á Kjalarnesi. 1980
96   Á Kjalarnesi. 1977

LITFÖRÓTTIR:
97   Þytur frá Helgadal, Mosfellsbæ. 1995
98   Blíða frá Hraðastöðum, Mosfellsbæ.
99   Flugar frá Mýrum í Álftaveri. 1995
100   Við Korpúlfsstaði. 1978
101   Á Mýrum í Álftaveri. 1995
102   Spóla frá Búðarhóli, Landeyjum. 1995
103   Á Mýrum í Álftaveri. 1995
104   Á Mýrum í Álftaveri. 1995
105   Hestahópur á ferð
106   Á ferð yfir Köldukvísl í Mosfellsdal

Helstu heimildir um hestaliti:
Þorkell Bjarnason, hrossaræktarráðunautur Búnaðarfélags Íslands.
Hestalitaplakat sem Evrópusamband eigenda íslenskra hesta gaf út árið 1983.
Íslenski hesturinn – litaafbrigði eftir Stefán Aðalsteinsson og Friðþjóf Þorkelsson. 1991.